BIBLIOTHÈQUE
DE PHILOSOPHIE CONTEMPORAINE

L'ASTRONOMIE
MODERNE

PAR

W. DE FONVIELLE

PARIS

GERMER BAILLIÈRE, LIBRAIRE-ÉDITEUR

Rue de l'École-de-Médecine, 17.

Londres	New-York
Hipp. Baillière, 219, Régent street.	Baillière brothers, 440, Broadway.

MADRID, C. BAILLY-BAILLIÈRE, PLAZA DEL PRINCIPE ALFONSO, 16.

1869

L'ASTRONOMIE

MODERNE

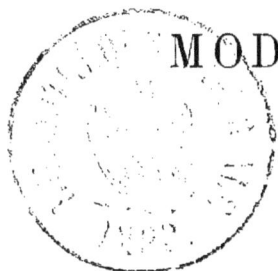

V

OUVRAGES SCIENTIFIQUES

DU MÊME AUTEUR.

Paris. — Imprimerie de E. Martinet, rue Mignon, 2.

L'ASTRONOMIE

MODERNE

PAR

W. DE FONVIELLE

PARIS

GERMER BAILLIÈRE, LIBRAIRE-ÉDITEUR

Rue de l'École-de-Médecine, 17.

Londres | **New-York**

Hipp. Baillière, 219, Regent street. | Baillière brothers, 440, Broadway.

MADRID, C. BAILLY-BAILLIÈRE, PLAZA DEL PRINCIPE ALFONSO, 16.

1868

PRÉFACE

Le Ministre de l'instruction publique a cru que la gloire de la France ne brillerait point d'un assez vif éclat au Champ-de-Mars, si l'on ne disposait une vitrine spéciale pour les produits de l'industrie pédagogique. Il a envoyé à l'Exposition universelle des compositions, dessins, stances, hymnes et cantiques, sans doute fabriqués par les élèves des écoles primaires, des colléges et des petits séminaires, afin de frapper le monde d'étonnement à la vue des torrents de lumière que ces différentes institutions versent sur tous les coins de l'Empire français.

Pour ne point laisser son œuvre incomplète, M. Duruy a fait rédiger par plusieurs membres de l'Institut, une série de rapports sur les progrès des sciences accomplis en France pendant ces dernières années.

Sans doute, ces brochures renferment d'excel-

lentes choses, cependant nous avons entendu
bien des fois attaquer la logique qui a présidé
à l'entreprise. N'est-il point évident qu'il est
à peu près impossible de faire une sorte de
triage intellectuel, et de séparer ce que possède
la France de ce qui revient aux nations ri-
vales, à une époque où les rapports sont si rapides, si fréquents entre les différents centres
de civilisation? Combien n'ont pas agi plus sagement les savants allemands, qui ont décidé de
faire des rapports périodiques, dans chacun de
leurs congrès annuels, sur l'ensemble des progrès accomplis par chaque spécialité, et sans
distinction de nationalité! N'est-ce point en effet
surtout pour les hommes qui cultivent la science,
que le mot d'humanité doit devenir une notion
concrète? Si l'on peut laisser à chaque peuple
ses généraux invincibles, ses grands ministres
et ses Leverrier, on doit lui prendre ses Newton, ses Keppler, ses Lalande, ses Arago, ses
Herschell, car l'on peut dire que le caractère
de l'homme de génie est de perdre son droit de
cité parce qu'il devient citoyen de l'univers entier.

Supposons un instant qu'il y ait en réalité une astronomie française, nous serons obligés de reconnaître qu'elle est bien loin de se trouver dans un état assez prospère pour exciter la jalousie des nations étrangères. Nous ne nous laisserons point un seul instant abuser par la lecture du rapport, véritable pensum académique, dans lequel on a fait un inventaire des titres des astronomes français.

Le directeur de l'Observatoire impérial, qui ne se doutait point encore qu'il allait bientôt être traduit à son tour devant la barre de l'opinion publique, fut le premier à mettre en évidence la maigreur excessive du panégyrique, contenu dans un nombre de pages ironiquement restreint.

Les événements se sont précipités avec une si grande rapidité, dans la science des cieux, depuis quelques mois, que M. le Ministre de l'instruction publique s'est vu obligé de donner lui-même, dans un discours qui restera célèbre, une sorte de demi-démenti aux congratulations officielles qui avaient été publiées sous son autorité, et aux frais du budget.

Comme il aurait été malheureusement facile
de rédiger une sorte de contre-rapport, de montrer l'insuffisance de l'astronomie nationale, de
mettre en évidence les tristes effets du manque
d'initiative, et du défaut de liberté !

L'épisode de M. Michel Chasles aurait servi
à montrer que les assemblées politiques n'ont
pas donné, même aux plus mauvais jours, la
mesure du dernier degré d'affaissement et d'indifférence auquel les hommes réunis peuvent
descendre quand ils ne sont point soutenus par
une idée généreuse. Quel tableau n'aurions-
nous pu tracer, si nous avions fait assister nos
lecteurs à l'interminable déballage de pièces
dont chacune porte pour ainsi dire la preuve
d'une frauduleuse fabrication ! Rien n'aurait
été plus émouvant sans doute que de montrer
le vénérable Brewster, s'arrêtant pendant quelques mois sur le bord de la tombe pour fou-
droyer encore une fois les ennemis de Newton.

Est-ce que la mort de M. Léon Foucault ne
nous aurait pas permis de mettre à nu tous les
effets du régime dictatorial auquel l'astronomie
française a été soumise pendant tant et de si lon-

gues années? Est-ce que les révélations les plus étranges ne sont pas venues nous surprendre? En effet, le monde civilisé n'a pu constater sans stupéfaction, que, malgré les votes du Corps législatif, les sollicitations des ministres, le concours de grands physiciens, le second empire français n'avait pu accoucher d'un télescope à la suite d'un long travail de quinze années.

Mais il est bien plus raisonnable, bien plus utile, bien plus juste de ne point s'arrêter à tous ces détails et de montrer les raisons qui font que l'astronomie contemporaine se trouve fatalement au-dessous de la tâche que les dernières découvertes lui ont assignée.

Si l'on traitait l'astronomie comme une science naturelle, on saisirait probablement sans efforts de grands phénomènes dont il est impossible de s'apercevoir, aussi longtemps que l'on persiste à faire de la terre non plus le centre de notre système solaire, mais celui de notre science.

N'est-il pas parfaitement ridicule de rapporter à l'écliptique les orbites des autres planètes, dans les tableaux que l'on ajoute chaque

a.

année à l'Annuaire du bureau des longitudes ? Pourquoi ne point évaluer leur position respective par rapport à celle de l'équateur solaire? Quelle singulière unité que celle de notre année terrestre pour mesurer les révolutions sidérales ? Pourquoi la conserver en même temps que nos jours moyens, de sorte qu'il faut traîner à la fois, dans notre astronomie, côte à côte deux quantités incommensurables l'une à l'autre !

Nous ririons à gorge déployée d'un géographe qui, écrivant à Brive-la-Gaillarde, ferait pivoter sur cette ville sa description du monde. Sont-ils donc moins insensés nos astronomes qui mesurent l'espace céleste avec le rayon de la terre, et qui prennent la vitesse de la lumière pour l'astronomie stellaire ?

Que font les éléments astronomiques de notre orbe, si l'on veut deviner la liaison des rotations, des inclinaisons des axes, des révolutions annuelles, des distances, des densités, de toutes ces choses qui se tiennent sans doute, aussi intimement que les différentes parties d'un être organisé, à moins que le système du monde soit une chimère?

Du jour où notre raison cherchera dans la réalité astronomique le développement d'un plan supérieur, notre intelligence marchera sur la voie qui mène à comprendre le mystère de la nature, au moins à soulever une portion du voile qui nous entoure de toutes parts. Mais la philosophie a été bannie de l'astronomie comme si elle était complice de l'astrologie judiciaire ! On oublie que c'est Kant qui a fourni à Laplace les éléments de la cosmogonie qu'il s'est appropriée, et que nos savants officiels défendent avec tant d'ardeur.

On considère comme des idéologues, comme des rêveurs, ceux qui, recherchant les traces d'Hégel, voudraient mettre en évidence les lacunes de la conception newtonienne, le hiatus immense dans lequel pourrait disparaître tout ce que nous possédons de science.

Il y a deux ou trois ans, le Bureau des longitudes se trouva aux prises avec une difficulté singulière : on avait besoin d'éclairer quelques maisons d'un nouveau boulevard. Pour y porter le gaz, on fit passer brutalement dans le voisinage du cabinet des observations magnétiques

un conduit en fonte. Les savants qui étaient
chargés de faire osciller le barreau aimanté
n'eurent point la force de protester au nom des
intérêts sacrés de la physique. On ne les vit
employer aucun des moyens constitutionnels
qui restaient alors pour intéresser l'amour-
propre scientifique du public. Ils interrompi-
rent avec. une résignation véritablement ef-
frayante une série séculaire, la seule qui per-
mît peut-être de déterminer d'une manière définitive les lois mystérieuses d'un des plus
grands phénomènes physico - astronomiques
dont on ait jusqu'à ce jour constaté l'existence.

Est-il nécessaire de démontrer longuement,
que cette administration scientifique aurait eu
moins de patience si elle avait vu dans l'étude
du système du monde autre chose qu'un problème d'algèbre et de géométrie? Pourquoi n'a-
t-on pas plutôt conservé l'opinion poétique des
anciens philosophes et des astrologues eux-
mêmes, qui sentaient dans la machine céleste
un ensemble vivant, qui enseignaient que le macrocosme et le microcosme sont l'expression
des mêmes lois, qui cherchaient dans la pensée

humaine l'expression de la pensée divine, qui rendaient hommage à la rationalité de la nature, qui découvraient l'expression d'une volonté suprême dans les admirables phénomènes célestes auxquels nous assistons?

La résignation si peu scientifique et encore moins philosophique des membres du Bureau des longitudes enhardit les vandales astronomiques qui ne voient dans l'Observatoire que des terrains à vendre, qu'un établissement à exproprier. Une commission, dont le rapport sera longtemps cité comme un monument d'ignorance, osa demander à l'Académie des sciences son autorisation pour rayer ce monument vénérable de la carte de Paris.

Qu'auraient dit les Borda, les Lalande, les Lacaille, les Bouvard, si on leur avait prédit qu'un jour viendrait où l'Académie des sciences discuterait non pas sur les moyens d'augmenter les ressources de l'astronomie en France, mais sur l'avantage qu'il y aurait à détruire l'établissement qu'ils rêvaient certainement de placer au-dessus de tous les observatoires du monde? Quel sujet de stupéfaction pour les Airy, les

Herschell, les Newton d'Amérique, les Schiaparelli, en apprenant que les astronomes français
ne peuvent plus supporter le bruit des voitures
qui roulent sur le pavé de la capitale, et que
ceux qui ont le malheur d'être sourds sont devenus les plus susceptibles ! Que dirait le public lui-même s'il savait ce que c'est (sur ce
cercle qui se nomme un méridien terrestre)
qu'un dixième de seconde, erreur dont l'on prétend débarrasser la latitude de Paris en pla-
çant l'observatoire dans le voisinage de Sainte-
Barbe des Champs ! En effet, comme le globe
terrestre ne renferme pas moins de 1 296 000
secondes, il en résulte que le dixième de seconde d'un méridien de 40 millions de mètres
équivaut à 3 mètres 09 en grandeur absolue.
Ceci ne représente pas l'épaisseur d'un trait sur la
carte de l'état-major? De petits mouvements presque insensibles germant dans l'intérieur de la
terre par le travail constant des agents volcaniques doivent produire des déplacements plus
notables sans qu'on ait le moyen de s'en apercevoir, de s'en douter même ! En voyant que
tant de gens savants s'évertuent à chasser ce

que l'on pourrait appeler la petite bête, n'est-il pas naturel que nous ayons senti le désir de chasser la grosse? C'est au lecteur qu'il appartient de juger si nous avons été assez heureux pour que les éléphants que nous avons pu faire lever ne nous aient point écrasé sous leurs pieds.

A la fin du siècle dernier, on n'aurait pu reprocher à l'Académie des sciences de s'être isolée du mouvement scientifique en abdiquant la direction des grandes expériences contemporaines. Dans le fameux rapport que Champfort rédigea pour le compte de Mirabeau, on lui rend formellement hommage. La Convention nationale, qui ne pouvait la soustraire à la réorganisation générale de toutes les sociétés savantes, l'admet à ce que l'on appelait alors les honneurs de la séance. Si on la supprima pour la rétablir sur des bases plus démocratiques, ce ne fut pas sans l'avoir hautement félicitée de son zèle pour l'exécution des travaux dont elle était chargée dans l'intérêt de la nation. A cette époque, l'athée Lalande croyait encore, comme le théophilanthrope Priestley, que le premier but des recherches scientifiques est de se rendre utile à l'humanité. On l'avait vu quitter ses travaux astronomiques, et courir pendant des années entières pour étudier pendant des années la pratique des métiers alors cultivés à Paris. La collection des machines restera comme un monument de l'intérêt que portait aux arts une corporation qui, même à cette époque brillante, avait pourtant tant besoin d'être régénérée.

L'orgueil *académique* si fortement caractérisé par Auguste Comte dans son système de philosophie positive, s'est développé depuis cette crise, grâce au pouvoir croissant des analystes qui n'ont eu à lutter que contre leur propre stérilité ! Petit à petit l'on a vu l'Académie considérer que son rôle se bornait à éplucher quelques équations à la Laplace et à la Cauchy. Elle s'est tenue de plus en plus écartée des expositions universelles, laissant à des étrangers le soin de déterminer l'étalon des mesures électriques si importantes à la fin d'un siècle qui a commencé par être celui de Watt et qui deviendra peut-être celui de Volta.

Les instruments enregistreurs de l'observatoire de Greenwich excitaient l'admiration publique, à l'Exposition universelle des Champs-Élysées. Lorsque l'Exposition fut terminée, le gouvernement britannique en fit hommage à l'Observatoire de Paris. Mais il paraît que l'assiduité de tous les instants nécessaire à leur surveillance, à leur entretien, dépassait de beaucoup les forces de nos astronomes, car ils ne tardèrent point à être démontés, envoyés dans les greniers, où ils dormiront peut-être éternellement !

Croit-on qu'on se serait borné à doubler le nombre des membres de l'Institut faisant partie de la section de géographie et de navigation, si l'on avait compris que les observations météorologiques sont le point de jonction, le trait d'union entre l'astronomie et la physique terrestre ? Mais les calculateurs qui ont eu la prétention de soumettre à des calculs la loi des mouvements atmosphériques (1) ne se contenteront pas d'observer le thermomètre et l'hy-

---

(1) C'est le problème que pendant plus de dix années consécutives l'Institut de France a proposé annuellement pour le grand prix des sciences mathématiques.

gromètre. Ils crieront à l'empirisme toutes les
fois qu'on leur dira d'interroger les symptômes
du temps, pour essayer de deviner pratique-
ment les allures des saisons! Ils répondront
qu'il n'y a pas dans Laplace de chapitre qui
autorise à chercher l'influence de la lune sur
la pluie, que la *mécanique céleste* démontre
que notre satellite ne peut produire de changement sur le temps! Que leur importe que la
température du maximum estival puisse varier
de 10 degrés centigrades d'une année à l'autre,
que son époque puisse être de six semaines en
avance, et de six semaines en retard? Est-ce que
ces vicissitudes les intéressent, puisqu'elles
n'empêchent pas la lune et la terre de tourner
dans leur orbe en vertu des formules réglées
sur la seule attraction?

Peu leur importe que les notes quotidiennes
envoyées aux journaux politiques soient infé-
rieures à celles que M. Glaisher publie de l'autre côté du détroit! Établir des moyennes, déterminer les constantes climatériques d'un pays,
tracer la limite des ondes de chaud et de froid,
tout cela est indifférent. Aussi longtemps que

les mouvements de la chaleur n'auront point été mis en équation, ils croiraient déroger en en tenant compte.

L'administration des lignes télégraphiques avait conçu l'idée fort judicieuse de publier des annales dans lesquelles devaient figurer, suivant le programme officiel une foule de faits curieux, instructifs, indispensables même du progrès des sciences. On devait concentrer dans ce recueil toutes les observations spontanées qui auraient été faites involontairement dans les manipulations télégraphiques. On s'était proposé de recueillir les inventions des divers agents de l'administration, les mémoires qu'ils pouvaient présenter sur divers points de la science électrique. On avait nommé un ingénieur, dit de perfectionnement, réalisant dans cette sphère toute nouvelle le fameux ministère du progrès ! Mais la publication s'est arrêtée après avoir traîné une misérable existence pendant deux ou trois années, et de cette période d'effervescence il ne restera peut-être que le tube pneumatique reliant quelques stations télégraphiques, l'appareil imprimant de

Hughes, et le photographe chimique de Ca-
selli. La physique terrestre restera ce qu'elle
était avant que ce moniteur, malheureusement
avorté, de notre télégraphie française ait vu le
jour.

Croit-on qu'il eût péri faute de rédacteurs
peut-être, d'abonnés sûrement, si l'on eût compris l'importance scientifique d'un immense
réseau auquel on peut dire que jamais des
effluves électriques considérables ne sauraient
échapper ! Que n'a-t-on cherché à suivre les
mouvements des orages et des tempêtes, les
palpitations de cette force incompréhensible
qui anime la terre, comme l'homme et la gre-
nouille, qui fait que nous avons peut-être le
droit de reconnaître comme un air de famille
entre les astres et nous !

L'astronomie est en travail d'enfant. Une
autre fois, si nous nous en sentons la force, nous
essayerons de donner une esquisse de la nouvelle philosophie de la nature qui semble
naître. Mais nous nous sommes borné cette
fois à secouer les préjugés académiques qui
nous attachent à des doctrines usées, dont il

sera bientôt impossible de parler sans rire.
Nous nous sommes efforcé de faire comprendre
ce qu'il y a de ridicule dans ce grossier matérialisme des astronomes qui persistent encore à
donner des queues aux comètes, quand une
multitude de circonstances doivent nous guérir
de la plus grossière de toutes les illusions d'op-
tique. Les idées de M. Schiaparelli ne vien-
nent-elles pas nous montrer que ces objets
étranges sont de simples boules de gaz parcourant les espaces voisins de notre soleil ! Valtz
n'a-t-il pas vu le diamètre des comètes varier à
chaque instant sous l'influence des rayons so-
laires, et se contracter à mesure qu'elles péné-
trent dans des régions plus denses ? N'a-t-on
pas lu dans les *Annales de Poggendorf* les
magnifiques travaux du baron Reichenbach
nous annonçant que les météores cosmiques ne
sont en général que des comètes éteintes, des
concrétions formées par voie de cristallisation
dans les espaces planétaires? Jamais la science
des cieux n'a été plus féconde en merveilleuses
découvertes, que depuis quelques années ; malheureusement, jamais l'obstination de l'astro-

nomie officielle n'a été plus grande. Jamais
ses pontifes n'ont plus orgueilleusement fermé
leurs yeux aux lumières de la raison. Jamais ils
n'ont plus outrageusement dédaigné les moyens
d'investigation qui leur ont été offerts, les
tentatives qui ont été faites pour explorer les
régions célestes à l'aide des aérostats, par
exemple (1).

Quel a été le grand effort du gouvernement
pour l'aéronautique? de donner un crédit de
1000 francs à quelques professeurs de physique qui accompagnaient le *Géant* dans des
ascensions faites devant un public payant! On
a envoyé des astronomes dans la presqu'île de
Malacca pour observer l'éclipse de soleil, au
risque d'être aveuglés par la mousson régnante!
Mais la France n'a pas été assez riche pour

---

(1) Nous sera-t-il permis de citer ici l'initiative que nous
avons prise des observations en ballon pendant la nuit des
étoiles filantes de novembre 1867, et pendant l'éclipse de
soleil du 23 février 1868. Nous continuerons aussi longtemps
que nos faibles ressources nous le permettront, jusqu'au jour
où nous serons parvenu à entraîner les personnes qui dispo-
sent des ressources scientifiques de la France à suivre notre
exemple.

leur donner un aérostat, dans le cas où messieurs les nuages ne voudraient point s'écarter pour faire l'aumône à nos savants de quelques rayons de la lumière des cieux !

L'analyse spectrale donne un nouveau moyen d'examiner la constitution des cieux. Mais cette branche importante de la physique astronomique ne se trouve-t-elle pas elle-même entravée dans son développement normal par l'idée du vide planétaire ! Pourquoi cette conception si difficile à comprendre, si artificielle, vient-elle obliger les astronomes à croire que toutes les matières modifiant le rayon lumineux, avant qu'il ne frappe notre rétine, font partie de l'atmosphère des astres et du soleil? Comment ne pas comprendre que la transparence imparfaite du milieu planétaire doit produire des modifications sur la lumière ; qu'il faut commencer par supposer que c'est lui qui donne naissance aux variations de teinte et d'éclat des étoiles aussi bien qu'aux raies obscures de leur spectre (1)?

(1) Nous faisons nos réserves en faveur de la théorie de Zolner, car la vitesse propre du mouvement des étoiles doit

Le vrai savant explore les espaces infinis, où l'immensité a partout écrit sa grandeur, ne peut s'intéresser réellement aux événements qui se passent à ses pieds. Il ne voit pas dans la science sublime qui étudie les mouvements harmonieux des corps célestes un moyen de deviner les caprices des grands. Sa science ne saurait être un instrument qui s'exploite comme une ferme en Beauce ou des herbages en Normandie. On ne peut pas dire qu'il appartient aux astres à peu près comme les courtisans sont au prince, ou comme les prêtres sont à Dieu!

Ne nous étonnons donc point du degré de discrédit dans lequel l'astronomie est tombée chez nous, sous le poids de la déplorable direction imprimée aux études mathématiques. En effet, le système d'examens, de programmes a changé tout le caractère de l'enseignement. Matérialisé pour ainsi dire, par le désir de plaire aux professeurs, et la platitude du but à atteindre, la science s'est abaissée, et elle s'abaisse chaque jour non point par la faute de

introduire des variations dans les différentes teintes sous lesquelles elles se montrent à nos regards.

l'athéisme, mais par défaut de liberté morale!

On aurait beau conduire tous les jours les élèves à la messe, que le mal ne se guérirait pas. Si notre astronomie française est tombée au-dessous de toutes les autres, c'est qu'on a toujours oublié de montrer le ciel à ceux qui sont censés s'en occuper, et qui ne s'occupent en réalité que de la réponse à faire quand viendra l'heure de l'interrogatoire. En outre, il n'y a guère qu'en France, qu'on ait osé affirmer hautement que l'astronomie doit être considérée comme une science abstraite et que l'on a attelé les observateurs derrière la charrue analytique.

C'est en France que Laplace a été porté aux nues pour avoir enseigné qu'il pouvait déterminer par ses calculs la forme du sphéroïde plus exactement qu'on ne saurait le faire à l'aide de mesures prises dans toutes les latitudes, en parcourant tous les océans. C'est nous qui avons le plus de grades universitaires, les meilleures écoles préparatoires, les plus merveilleuses fabriques de polytechniciens et de bacheliers. Ayant cultivé des institutions scientifiques analogues à celles de l'Empire céleste,

a.

nous ne devons point nous étonner qu'elle porte des fruits analogues à ceux du Mandarinat !

L'espace nous a manqué même pour compléter les critiques que nous avons dû indiquer. Nous n'avons point eu la place nécessaire pour terminer l'histoire de la comète de Biéla disparue comme ses aînées, et pour examiner, avec tous les détails qu'elles comportent, les conclusions si remarquables que l'on peut tirer de l'extinction progressive de la comète de Encke.

Même lorsque nous aurions pu développer les idées dont nous avons esquissé les principaux contours, nous n'aurions guère eu le mérite de l'invention. Nous n'aurions fait que réunir et rassembler des idées éparses mais déjà vulgaires. Ce n'est point notre faute si l'on nous considère comme un novateur téméraire, parce que nous ne partageons en rien l'opinion de nos marchands d'équation.

Mais si c'est une invention en notre siècle, que d'appliquer le bon sens à l'astronomie, je ne demande pas mieux que de réclamer le privilége de l'idée. Car si Descartes s'est acquis une gloire immortelle en appliquant l'algèbre à la géométrie, nous aurions de belles chances d'échapper à l'oubli en essayant d'appliquer les notions du sens commun à l'examen des mouvements célestes, à l'étude de l'océan éthéré où les astres décrivent leurs orbes avec une si étonnante régularité.

Mais nous ne cherchons point une aussi belle récompense, et nous nous bornons à espérer que le lecteur nous excusera de notre audace, en songeant que la tentative est renouvelée des Grecs; que les Grecs, si nous en jugeons par Pythagore, Anaxagore et Platon, ne s'y sont point médiocrement distingués. Puissions-nous rencontrer auprès de nos lecteurs la même indulgence que chez les personnes devant qui nous avons eu l'honneur d'exposer une partie de ces idées.

Cependant nous ne sommes qu'un de ces individus sans mandat de personne, et qui sans avoir reçu un diplôme de savant en *us*, se chargent de tout régenter, au grand scandale de toutes les autorités administrative, militaire, ecclésiastique, scientifique ou autres qui fleurissent chez nous.

Peut-être n'aurions-nous point eu le courage
de prendre la plume, cette lance des Don Quichotte de la vérité, si nous n'y avions été solli-
cité par ce qui s'est passé, si nous n'avions été
scandalisé du rôle que les savants officiels et
les astronomes patentés ont joué récemment,
quand la libre pensée a été traduite par nos seigneurs les cardinaux, devant la barre du Sénat !
Il nous a semblé qu'il était indispensable de
montrer pourquoi l'astronomie officielle semblait aux ordres des ennemis de l'intelligence.
Il nous a paru qu'il fallait protester contre les
affirmations des philosophes modérés qui ca-
lomnient le développement intellectuel de l'humanité, plus encore que s'ils niaient la raison
humaine; mieux vaut, en effet, proclamer cou-
rageusement la nécessité de croire à l'absurde,
que d'obliger la raison à respecter les croyances
de ceux qui en sont séparés par un divorce éternel. Pourquoi des voix éloquentes n'ont-elles
pas montré le travail de destruction des idoles,
que Comte a si merveilleusement esquissé :
Jehovah, dieu jaloux et volontaire, détrôné le
jour où une main hardie arracha la terre du

centre de la sphère céleste? Si les principes de
l'inquisition sont vrais, si l'inquisition tient en
main le dépôt sacré des vérités éternelles qui
feront le salut du genre humain, les inquisiteurs devraient non-seulement emprisonner,
mais brûler comme hérétique, celui qui, s'é-
tant servi de lunette, nous a montré le mouvement de la terre écrit sur le disque entouré de Vénus et affirmé par les mouvements
des lunes de Jupiter. Car il était écrit: *Ceci tuera*
cela ; mais puisque *ceci* vit encore, et grandit
tous les jours, pourquoi *cela* vient-il encore faire
obstacle à la libre expansion de la raison ? Que
ne leur a-t-on exhumé, pour toute réponse, l'astronomie biblique, morte sous les coups du matérialisme triomphant de Copernic et de Galilée !

Que de choses dans cette sphère immense
qui a pour centre notre soleil, qui s'étend jusqu'aux dernières étoiles visibles ! Que de mouvements enchevêtrés les uns dans les autres,
que de tourbillons emboîtés ! Cependant notre
œil ne sait explorer qu'une portion bien faible
de l'immensité ! Nos plus puissants télescopes

ne parviennent qu'à faire l'anatomie d'un point perdu dans l'infini.

La lune, que nous entraînons dans notre course à travers l'océan divin, n'est pas seule à nous suivre. Notre raison nous apprend sans peine que nous sommes accompagnés par une multitude de planètes plus petites, généralement invisibles, à moins que pour leur malheur elles viennent trop près de nous. Que de petits frères de notre satellite, dans les millions d'astéroïdes que notre globe fait voltiger sous ses pas? Mais il n'y a pas de corps céleste, humble satellite de la plus pauvre petite terre, qui dans la nuit profonde ne soit le soleil de quelqu'un. Notre lune, soyez-en sûrs, elle aussi traîne son cortége de satellites, qui eux-mêmes ont certainement des satellites aussi !

Si nous jetons les yeux sur le soleil, nous ne tardons pas à nous apercevoir qu'il n'est après tout qu'un astre accessoire jouant dans l'ensemble de la nature un rôle subordonné. Car on ne saurait pas sans doute nommer une seule étoile, quelque merveilleuse qu'on la suppose, qui ne soit assujettie à suivre une orbe autour de quelque soleil encore plus grand ! Nous voyons se développer une série de mouvements circulaires dont notre année et celle des pla-- nètes nos sœurs ne constitue qu'une première étape et qui peut-être s'étend à l'infini. Quel est le mécanisme qui règle le mouvement du Cosmos, nous ne saurions le deviner ; une seule chose est claire, c'est que notre soleil lui-même n'a pas pris racine dans un coin de l'espace ab- solu.

Comme Lalande l'a admirablement compris, son mouvement de rotation si facile à voir in- dique une translation non moins évidente. Le grand Herschell, sublime pilote de notre monde planétaire, a démêlé, dans la multitude des étoiles, celles qui répondent à la direction ac- tuelle de ce mouvement merveilleux.

Vainement M. Hoek, nouveau Josué, vou- drait clouer sur place le grand foyer solaire, ses communications académiques n'arrêteront point la grande évolution. Quand nous disons grande, il faut s'entendre, car elle n'est elle-même qu'un épisode au milieu de la multitude infinie des révolutions célestes. En effet, les étoiles

sœurs de notre soleil comme lui paraissent
s'agiter en vertu de lois que jamais l'on ne
pourra deviner. S'il a fallu un Keppler pour
nous montrer l'harmonie des temps périodiques et des aires dans les mouvements de
quelques atomes, ne nous étonnons pas que
nous ignorions encore le mot de passe de la
physique éternelle, le mystère de l'organisation
de ces corps lumineux dont les molécules sont
des soleils, et dont l'ensemble se nomme la
voie lactée. Lui-même, cet organisme qui se meut
à son tour en vertu de lois bien plus éloignées
de notre raison, joue un rôle au milieu des nébuleuses que nous pouvons apercevoir, fait
sans doute partie d'un système supérieur, et ainsi
de suite jusqu'à l'infini !

Où nous mène cet emboîtement des mondes,
c'est ce que nous ne chercherons point à déterminer. Aussi fou serait celui qui chercherait
le dernier terme de la petitesse, et qui croirait
que les cellules de l'atome n'ont point de parties qui diffèrent les unes des autres.

Avec quelque bout de la lunette que nous
regardions le monde, le dernier mot de toute

chose nous échappe. Nous ne sommes pas plus heureux en nous adressant aux soleils que quand nous nous efforçons d'analyser les phénomènes qui se passent en nous. Le *macrocosme* nous échappe dans son ensemble aussi bien que le *microcosme* dans son essence. Mais macrocosme et microcosme se ressemblent comme deux expressions d'une idée unique ; car, dans toutes les sphères, nous sentons que doit régner cette force intelligente irrésistible qui se nomme la vie.

Tous ces êtres si divers, si lointains, doivent faire partie d'un système au moins aussi savamment organisé que notre propre personne. Ce que nous savons du monde planétaire et sidéral nous semble indiquer l'existence de mouvements réguliers et harmoniques. De quel droit supposerions-nous que le désordre et l'isolement règnent dans les sphères où notre science n'a pu pénétrer, que notre raison n'a point illuminées ?

Vainement nous épuiserions notre force intellectuelle pour nous représenter ce qui peut résulter de cet étrange emboîtement, de réalités se pénétrant pour ainsi dire les unes les autres.

Nous serions également frappés d'impuis-
sance si nous voulions donner une idée des di-
mensions de la sphère accessible à nos télescopes, et de l'immensité de la durée qui constitue l'éternité.

Nous n'aurions point insisté sur ces détails,
qui trop séduisants peut-être, donnent en quelque sorte le vertige à l'intelligence humaine,
s'il n'était nécessaire de faire bien comprendre
la folie des savants qui croient posséder le secret de la construction de cet ensemble infini.
Quel n'est pas l'aveuglement de ceux qui
pensent que cette nature sidérale, si riche
dans tous ses détails accessibles à nos moyens
de mesure, est gouvernée par une loi unique
inexplicable ! Quelle audace d'idée ne faut-il
pas pour soutenir que tous ces corps si nombreux, si variés dans leur grandeur, leur substance, n'agissent les uns sur les autres que par
leur attraction ; car leur lumière elle-même est
une qualité accessoire qui tient à la grande chaleur qu'une cause inconnue, indifférente, leur
avait donnée, et qui se disperse dans les es-

paces comme les fleuves tombent dans l'Océan!
Combien étaient plus sages, malgré leurs erreurs évidentes et leurs exagérations, les philosophes qui peuplaient le ciel d'êtres vivants,
de divinités chimériques auxquels ils attri-
buaient aux moins des passions d'une nature
supérieure, auxquels ils donnaient un pouvoir
régulateur!

Loin de nous la pensée de revenir aux rêveries des astrologues, de prêcher le retour aux
idées des païens ; mais croit-on que la conception du vide soit plus raisonnable que celle de
Jupiter, et que l'impulsion primitive vaille
Chronos dévorant ses enfants?

Certes, Bayle et les philosophes qui ont poursuivi de leurs sarcasmes les marchands d'horoscope ont bien mérité de l'humanité en tirant
l'esprit humain du joug de superstitions avilis-
santes, mais ils n'ont obtenu ce résultat qu'en
retirant aux astres toute espèce d'action exté-
rieure. Ils ont enlevé le ciel aux poëtes et fait
de l'astronomie une science aride, abstraite,
dans laquelle l'observation directe a fini par
ne jouer qu'un rôle secondaire, effacé : car, en

réalité, le soleil et la lune servent pour ainsi dire de simple prétexte à enfiler d'interminables chapelets d'équations. La géométrie s'est en quelque sorte insurgée, on a fini par oublier que l'analyse est une esclave et ne doit qu'obéir.

Faisons nos faibles efforts pour mettre fin à une révolte qui n'a que trop duré, car cette subversion radicale des rapports nécessaires des différentes branches de la culture scientifique a produit les plus tristes effets. La science est descendue au niveau de ce qu'elle était du temps où régnaient les prétendus disciples d'Aristote, qui, si la Renaissance n'y avait mis ordre, auraient fini par couronner la raison humaine d'un syllogisme *in barocco*.

L'ASTRONOMIE MODERNE

I

Il est certainement difficile de lire les premiers chapitres de l'*Almageste* sans se sentir frappé de la logique et de la pénétration dont les anciens philosophes ont eu besoin dans la découverte des faits qui nous paraissent les plus simples. On s'aperçoit avec la plus grande surprise qu'il a fallu de sérieux efforts pour reconnaître, par exemple, que ce sont les mêmes étoiles qui forment le spectacle éternellement invariable du firmament. Cet ouvrage classique au commencement de l'ère chrétienne, demeuré classique au moyen âge, nous montre que l'astronomie n'a pas commencé autrement que les autres sciences, qu'elle a eu son âge de fer, et même, s'il est permis de s'exprimer ainsi, son âge de bois. De quel abîme d'ignorance est donc sorti notre orgueil, puisqu'il fallait encore démontrer, à une époque relativement récente, que les étoiles ne sont point des flammes temporaires, s'allumant au moment où elles se lèvent, s'éteignant à l'instant où elles cessent de briller au firmament ! Peut-on, sans rougir pour nos premiers pères, reconnaître que le soleil, ce corps merveilleux qui semble remplir l'immensité de son éclat, n'a point échappé au soupçon de n'être qu'un météore passager prenant feu chaque matin, brûlant pendant toute la journée plus ou moins bien, suivant qu'il fait plus ou moins chaud, plus ou moins longtemps, suivant que l'on se trouve en hiver ou en été. Tacite lui-même, dans son livre *sur les mœurs des Germains*, raconte que les tribus septentrionales entendaient le bruit que fait le flambeau du monde en se plongeant chaque nuit dans l'Océan. Le grand historien nous apprend sérieusement que le sifflement produit par l'astre en s'éteignant est pareil à celui que ferait entendre un immense globe de fer rouge en arrivant au contact des flots !

Les astronomes de l'ère des Césars étaient
encore accusés de matérialisme quand ils cherchaient à établir que les éclipses sont dues,
suivant les cas, à l'interposition du globe de la
lune ou de l'ombre de la terre, à une défail-
lance de nos grands luminaires tombant en syn-
cope ou dévorés par quelque dragon.

Les éclipses horizontales observées lorsque la
lune et le soleil se trouvent à la fois au-dessus
de l'horizon semblent à Pline le jeune des phénomènes extraordinaires, fabuleux. Le ministre
de Trajan se reconnaît incapable de trouver
une explication qui puisse satisfaire sa raison. Il aime mieux les nier absolument. Il
s'écrie « que c'est une histoire inventée à plaisir
par les prêtres de Jupiter, pour soutenir leurs
superstitions en troublant, par des histoires
extraordinaires, ces pauvres astronomes dans
les explications scientifiques qu'ils ont trou-
vées. »

Que de patients observateurs se sont tenus em-
busqués dans l'intérieur de puits profonds pour
essayer de voir les corps célestes avant que le
jour ait fait place à la nuit ! Que de voyageurs

ont gravi les sommets des hautes montagnes pour contrôler l'opinion des philosophes, et re-trouver les constellations qui avaient disparu, depuis le moment où l'astre du jour s'était montré au-dessus de l'horizon! Que d'astro-nomes, pendant une longue suite de siècles, ont remarqué que les planètes et les étoiles deve-naient visibles dans les éclipses totales de soleil, avant même quelquefois que le profil obscur de la lune ait caché tous les points du dis-que lumineux. Qu'est-ce donc qu'il y avait de plus facile à comprendre que la cause de la disparition des fixes qui chaque matin s'éva-nouissent devant les premières teintes de l'au-rore? Etait-il surprenant qu'aussi jaloux de sa puissance qu'un monarque d'en bas, le roi du firmament ne souffrît dans son voisinage aucun éclat rival du sien? Cependant il n'y a pas en-core trois siècles que Morin, le dernier des astrologues français, a failli devenir fou de joie pour avoir réussi à observer quelques astres avant que le soleil ait disparu de l'horizon.

L'expérience, qui nous paraît de la dernière simplicité, excite au plus haut point son enthousiasme; il se croit naïvement incapable de l'avoir imaginée avec les seules lumières de la raison; il attribue avec une modestie singulièrement orgueilleuse sa bonne fortune à une influence surnaturelle. « Un jour, dit-il, j'examinais les satellites de Jupiter, lorsqu'un messager céleste vint à tire-d'aile se présenter à moi et me tint ce discours : « Pourquoi fatiguer inutilement tes » yeux à regarder avec cet instrument la lune, » le soleil et Jupiter. Laisse ces amusements » aux autres; applique-toi à des choses plus » utiles auxquelles tu es destiné. Si tu suis ce » conseil, une plus grande gloire t'est réservée » *puisque tu verras en plein jour les planètes* » *et les principales étoiles qu'aucun mortel n'a* » *pu apercevoir, si ce n'est pendant la nuit!* »

Trente-quatre ans plus tard, le 13 juillet 1669, Picard, que l'on n'accusera point d'enthousiasme ni d'orgueil, se change malgré lui en plagiaire de Morin. Comme s'il ignorait la découverte du rival de Gassendi, il exprime à ses collègues de l'Académie toute sa surprise d'avoir pu observer Régulus treize minutes avant que le soleil fût couché !

Le grand mouvement de transformation et de progrès que nous voyons s'accomplir à la surface de notre globe sublunaire ne se borne point à se manifester dans le perfectionnement successif de l'organisation des êtres. Il entraîne également l'esprit humain lui-même dans un tourbillon de découvertes s'engendrant les unes les autres, même quand elles paraissent se combattre ou mieux encore se dévorer. Ce n'est point seulement en fouillant dans les profondeurs de la terre, mais au milieu des archives de l'histoire, que l'on retrouve les débris informes des âges éteints dignes de représenter le mastodonte et l'ours des cavernes dans le règne de la raison. Après avoir constaté la destruction progressive de tant de superstitions infâmes, nous ne devons point hésiter à reconnaître l'épanouissement du bon sens populaire, à saluer l'accroissement progressif de ce que nous pouvons appeler nos facultés instinctives, si l'on voulait nous permettre cette métaphore, à constater le perfectionnement de l'œil intérieur qui nous permet de sonder les mystères de l'infini !

À ce point de vue, nous devons nous enorgueillir des travaux qu'ont nécessités les phénomènes élémentaires dont nos enfants sucent la théorie avec le lait de leurs nourrices. Nous devons bien augurer de l'avenir, en reconnaissant que ces idées si naturelles, si simples qui s'imposent aujourd'hui par intention, qu'elles ont été pendant des siècles le monopole de castes qui se croyaient assez savantes pour avoir le droit de se montrer pédantes, et pour réclamer le monopole de l'enseignement de la vérité.

Comme on le voit, pour saisir le véritable caractère de l'évolution scientifique dont l'astronomie nous offre un si brillant spécimen, il ne suffit point d'admirer aveuglément la patience avec laquelle certains forçats intellectuels, attachés à la chaîne académique, ont fabriqué des volumes d'équations! Il faut commencer par comprendre que la vérité vraie ne saurait être aussi pénible à saisir que la science qu'on enseigne dans les écoles où l'on fabrique nos futurs Laplace par douzaine chaque année. On doit toujours avoir devant les yeux ces magnifiques paroles de Sénèque, s'écriant « qu'un

jour viendra où les hommes s'étonneront qu'on
ait pu pendant si longtemps ignorer des vérités
aussi claires. » Car, s'il est vrai que notre esprit
soit de même essence que celui que Platon a
appelé l'âme du monde, nous devons en quelque sorte reconnaître notre œuvre, quand le télescope nous fait voyager sur les ailes de la lumière dans les profondeurs de l'immensité.

Certainement la science définitive ne doit
savoir que faire des théories presque incom-
préhensibles qui font l'orgueil de certaines
compagnies de maçons scientifiques qui ne
voudraient point enlever leurs échafaudages,
même quand l'édifice est achevé, et qui met-
traient leur gloire à éterniser le souvenir de la
peine qu'ils ont eue à le couronner. Quel droit,
s'ils s'obstinent à conserver leurs charpentes,
auraient-ils à se plaindre de ce que les passants
ne s'empressent pas d'admirer le monument
qu'ils s'obstinent à défigurer !

Ces mille détours, ces ambages, sont un
brevet d'ignorance que des esprits raffinés se
décernent eux-mêmes en faisant étalage d'érudition ! Si Dieu m'avait appelé à son conseil

lors de la création du monde, disait le roi Alphonse d'Aragon, il n'aurait pas fait les choses si compliquées. Si au lieu des épicycles des tables Alphonsines, ce prince avait vu les équations de la *Mécanique céleste*, croit-on qu'il se serait autrement exprimé ? Qu'aurait-il dit surtout, s'il avait vu qu'on a élevé, sur cette base imparfaite et tremblante, une philosophie orgueilleuse qui prétend trouver le secret de la nature, et qui parle de la genèse des choses comme si, plus heureux que Sa Majesté espagnole, ses pontifes y avaient assisté...?

Malgré ses conquêtes, notre science officielle est en quelque sorte inférieure à la science antique, parce qu'elle imagine qu'il est impossible d'étudier la nature sans étouffer son cœur, son imagination ! Elle n'aime que les esprits froids, les cœurs tièdes. Elle ne pardonne point à ceux qui, comme Gœthe, savent plonger leur poitrine terrestre dans le rouge du matin ! Elle n'a d'indulgence et de respect que pour ceux qui nient la divinité de la raison.

Autrefois c'étaient les Lucrèce, les Manilius, les Aristarque, les Anaxagore, les Hésiode,

1.

qui apprenaient aux ignorants l'art d'admirer les merveilles de la voûte étoilée. Aujourd'hui nous n'avons plus à offrir aux profanes qu'une prose lourde, gauche et vulgaire, qui nous ferait rougir de l'imprimerie. Nos auteurs populaires ont besoin de la gravure pour semer quelques fleurs sur des pages sèches, arides et décharnées! Les plus pesants sont devenus les meilleurs! On les jugerait à la balance, comme on faisait des successeurs d'Akhbar-Khan, des ridicules Mogols, que l'on équilibrait avec des pièces d'or marquées à leur effigie. Les malheureux libraires pensent qu'on est obligé de dorer sur tranche la pilule astronomique, quand le ciel tout entier montre les chemins de l'immortalité.

Un adorateur des dieux d'Homère croyait la terre immobile, mais il ne croyait pas le ciel privé de poésie, d'amour et de vie. Le créateur de toutes choses entretenait à chaque instant l'ordre de son chef-d'œuvre; adoré sous le nom de moteur constant, il ne se bornait point à lancer dans les espaces froids et sombres quelques boules, quelques atomes déjà à moitié refroidis, n'ayant plus maintenant qu'un vieux reste du calorique dont il les avait dotés!

Le païen n'avait qu'à lever les yeux dans une nuit sereine pour retrouver les légendes à l'aide desquelles on avait bercé son enfance. Quand les étoiles scintillaient, il croyait assister aux représentations de Sophocle et d'Euripide, dont les tragédies sublimes étaient écrites en caractère de feu, sur le seuil de l'empyrée.

Est-ce qu'il n'avait point au-dessus de sa tête les deux ailes de Pégase prêt à dompter le monstre vomi par l'Océan; s'il tremblait pour Andromède, il se rassurait en apercevant Persée. La tremblante Algol apparaissait comme la tête de Méduse, et le Lion lui rappelait la victoire de Némée. Qui donc aurait pu sans émotion voir Castor et Pollux se lever à l'horizon du Parnasse, ou les Pléiades briller au front du Taureau? Qu'aurait fait le jésuite Scheiner, s'il avait placé dans le ciel la mitre de saint Pierre, pour couronner la Grue, s'il eût coupé la Chevelure de Bérénice pour en orner le bourdon de saint Jacques de Compostelle, s'il eût logé Jacob à la place du Loup! Aussi mauvaise besogne ceux qui ont voulu utiliser les espaces dédaignés par les anciens et ont changé notre Olympe en une boutique de bric-à-brac scientifique ! Le sextant, le télescope, la machine électrique, la machine à faire le vide, cet éternel symbole de tous les équilibristes des budgets, tous ces instruments, qui appartiennent à la terre, n'ont rien à faire dans les espaces divins.

Si la science est progressive, ce n'est point à la manière des comètes de Keppler qui croyait qu'elles suivent une ligne droite, toujours dans la même direction. Il y a dans la nature des périodes d'activité et de repos, de jour et de nuit. L'esprit a ses hivers, comme ses printemps et ses étés; s'il a ses ardeurs caniculaires, c'est aussi, hélas! qu'il a ses frimas. Pendant de longs siècles, la science se repose glacée par la superstition, et, quand l'esprit se réveille, on salue comme un nouveau-né chaque revenant.

La théorie du mouvement de la terre n'est point une découverte récente, car elle faisait partie de l'enseignement dogmatique de Pythagore. Anaxagore, bien avant Galilée, était poursuivi, à Athènes, pour avoir troublé le repos de

Vesta. Les cardinaux du sacré collége n'étaient que les plagiaires de l'Aréopage, et les inquisiteurs tendaient la main, à travers les siècles, à ceux qui faisaient boire la ciguë.

Le triomphe de Copernic n'est point, en réalité, le triomphe d'une science contemporaine ; c'est le réveil d'une science antique qui avait paru périr, mais vivait encore et que quelques étincelles sublimes cachaient dans de vieux manuscrits. Par l'analyse de la raison pure, par des considérations philosophiques, des hommes de génie avaient devancé l'invention des lunettes. Ils n'avaient point eu besoin de logarithmes ou de trigonométrie pour faire preuve d'une pénétration presque divine dans l'étude de l'univers Puisse ce grand exemple ne point être oublié, surtout en ce moment de crise intellectuelle et morale où nous nous débattons ! En effet, notre science se trouve dans une période de transition, qui rend incertaines et très-précaires les théories en désaccord avec les idées que tout esprit sain doit concevoir sur l'infaillibilité de sa raison. Jamais il n'a été plus nécessaire aux savants de lutter pour conserver la liberté d'investigation sans laquelle toute science est un mensonge, un outrage à la vérité. Jamais l'astronome n'a eu plus besoin de conserver intacte sa dignité personnelle, son indépendance d'esprit, car nous sommes à la veille des grands changements que présagent les grandes inventions de ces dernières années, Jamais les instituteurs de la jeunesse ne produiraient plus de désastres intellectuels, s'ils donnaient à leurs élèves l'exemple de la servilité, de la faiblesse morale ; s'ils travaillaient non point à affermir l'indépendance de leur génie, mais à le courber sous la discipline militaire des programmes, s'ils leur donnaient l'amour de l'uniforme, de la formule, du lieu commun analytique !

Si une invention merveilleuse n'était arrivée miraculeusement au secours de Galilée, peut-être les préjugés de l'école astronomique de Josué auraient-ils étouffé la voix de ce sage, qui rappelait la science à la tradition primitive de l'Église scientifique, qui faisait comme Luther recherchant la doctrine des apôtres, dont les papes, les inquisiteurs et les moines avaient oublié les enseignements. Sans le hasard de Magdebourg, sans la lunette de Galilée, la terre se reposerait encore au centre de l'immensité. Ce qui terrassa l'opinion orthodoxe, ce qui donna raison au grand persécuté, ce fut, il faut bien le reconnaître, dût-on être accusé de matérialisme par nos seigneurs les cardinaux, l'observation des lunes de Jupiter et des phases de Vénus que son télescope vint montrer aux derniers sectaires de Ptolémée.

Nous vivons à une époque où un grand nombre d'inventions commencent à produire une sorte de révolution morale. Les instruments donnés à la science n'ont encore servi qu'à semer le doute, qu'à ébranler l'empire des opinions classiques, dont le règne longtemps glorieux tire maintenant à sa fin. Ne nous laissons pas décourager par quelques incertitudes inévitables, qui ne sauraient durer longtemps. Évitons deux dangers aussi terribles l'un que l'autre, nous borner à croire ce qu'enseigne la foi, ou obéir aux adeptes de la science du siècle passé. Croit-on que la vapeur, l'analyse spectrale, le télégraphe électrique et la pho-

tographie n'ont point aussi des lunes de Jupiter
et des phases de Vénus également à nous montrer ? Croit-on que la science imparfaite des
jours où les savants, isolés, se tenaient chacun
dans son observatoire, comme un loup dans sa
caverne, conviendra aux âges où, répandue sur
toute la terre, l'humanité aura partout des
oreilles pour entendre et des yeux pour regarder ? Certes ils vont contempler dans les cieux
bien des merveilles qui nous échappent encore,
les astronomes qui pourront escalader l'un et
l'autre pôle du monde, et qui pourront les faire
communiquer l'un avec l'autre à l'aide de l'é-
lectricité. Le ciel ne saura plus nous cacher ses
conjonctions intéressantes, quand de vrais astronomes auront le facile courage de briser la
ceinture de nuages qui veut nous dérober une
partie de la lumière des cieux. La photographie
arrivera peut-être à fixer l'éclair fugitif lui-
même ? La tempête sera suivie par un œil vi-
gilant jusqu'au-dessus de l'abîme, et si Job
avait encore une fois besoin de parler à l'Éternel
de dessus son fumier , il emploierait peut-
être des expressions moins humbles ! Qui sait

si quelquefois même il n'embarrasserait point la
logique tonnante de Jéhovah !

II

L'ASTRONOMIE EST UNE SCIENCE ESSENTIELLEMENT POPULAIRE.

Essayons de faire comprendre par un petit
nombre d'exemples simples, authentiques, que
l'ère des bergers n'est point close en astronomie. Malgré la découverte des lunettes, de
la télégraphie et de la photographie, les ignorants auront toujours un grand rôle à jouer,
pour l'humiliation des savants à brevet. Ils pourront encore se distinguer dans la plus compliquée, la plus abstraite de toutes les sciences
physiques, celle qui prétendait imposer sa
dictature à l'ensemble de toutes les recherches
dont la nature peut être l'objet. Montrons, s'il
est permis de nous exprimer ainsi, que le Capi-
tole scientifique, aussi bien que celui de la ville
éternelle, a pu être sauvé plus d'une fois peut-
être déjà par les oies !

La théorie toute seule des météorites et des

étoiles filantes suffirait pour démontrer que
nous n'exagérons rien en conviant aux recherches scientifiques tous les hommes de bonne
volonté. Car il y a juste un siècle que des paysans venant du fond d'une province ont présenté
à l'Académie des cailloux qu'ils avaient vus
tomber. Ce furent des étudiants, de jeunes en-
thousiastes, qui firent les premières observations authentiques, alors que les princes de la
science ne se contentaient pas de hocher la tête
en signe d'incrédulité, car ils condamnaient ex-
pressément les gens crédules qui avaient la faiblesse de croire à des contes aussi ridicules que
ceux de Perrault.

Que dira-t-on si l'on voit Keppler, le grand
Keppler lui-même, ce calculateur si soigneux,
vaincu par un simple étudiant ; surpassé dans
l'observation d'un fait que l'on pouvait prévoir
comme une des conséquences les plus simples
de la théorie des mouvements célestes ; pris en
flagrant délit d'erreur dans l'observation du premier passage de Vénus qui ait pu être constaté ?

Au commencement du XVIIᵉ siècle, l'illustre
astronome avait essayé d'appliquer les tables

Rudolphines à la prévision des moments intéressants à tant de titres, où la planète vient
se glisser entre le soleil et nous. Il était arrivé
à la conclusion erronée qu'il n'y aurait point un
passage observable pendant toute la durée de
cette période de cent ans. Mais, après les re-
marques faites par le jésuite Scheiner, il revint
sur ses conclusions, recommença ses calculs,
et déclara qu'en 1631 on verrait Vénus se déta-
cher sur le disque solaire comme une tache noirâtre qui mettrait plusieurs heures à disparaître.
Cependant l'année 1631 s'écoula sans que la
prévision se trouvât vérifiée. Gassendi, qui avait
observé avec anxiété le soleil pendant tout le
cours de la journée, fut obligé de convenir
que Keppler avait commis quelque faute. Mais
il y avait en Angleterre, dans le fond d'un
collége, un jeune homme qui, tout en faisant
ses classes, s'était épris d'immense passion pour
l'astronomie. Ce fou, comme on dirait de nos
jours, avait organisé, avec ses camarades, une
société d'étudiants pour s'occuper d'observations délicates et difficiles même en notre siècle,
car on ne les fait pas toujours dans les grands

observatoires, lorsqu'on n'est point soutenu
par l'amour de la nature, ce qui est un meil-
leur instrument que les plus merveilleux télescopes. Horrox, c'est le nom du jeune enthousiaste, refit tous les calculs de Keppler, et
reconnut que le maître s'était trompé, que c'était
le 24 novembre 1639 que le passage devait avoir
lieu. Il en publia l'annonce ; il conquit par le
fiévreux travail de ses nuits sans sommeil le
bonheur d'être le premier être humain qui
aperçut la plus intéressante de toutes les conjonctions célestes, celle qui peut nous donner
la mesure du système solaire, et qui de proche
en proche nous permet d'arpenter l'infini des
cieux. Mais le feu de la science est comme
l'autre, il brûle tout ce qu'il touche. Horrox
ne survécut que quelques mois à son triomphe,
la mort l'enleva à l'âge de vingt-deux ans.

C'est Halley qui eut l'idée de chercher dans
les annales de l'astronomie si la fameuse comète de 1682, dont il avait observé la course,
et qui était trop brillante pour passer ina-
perçue, n'avait point déjà fait quelque apparition. Ce grand astronome crut reconnaître

deux passages de ce magnifique corps céleste,
espacés de manière à conclure qu'un quatrième
retour aurait lieu vers 1756. Cet oracle scientifique, moins sûr certainement que celui de
Calchas, fit grand bruit, lorsqu'il fut prononcé.
On l'oublia comme on oublie tout en ce monde,
mais on s'en rappela lorsque arriva l'époque du
rendez-vous que Halley avait assigné. Jamais
preuve plus saillante de la vérité des conséquences mathématiques déduites de la théorie de l'attraction n'avait été donnée. Jamais
comète n'aurait pu arriver mieux à propos,
car à ce moment les partisans de la théorie
de Descartes rompaient leurs dernières lances
en faveur des tourbillons. Clairaut, qui prenait une part fort active à tous ces débats
ne se contenta point de la prédiction assez
vague, du reste, publiée par Halley. Il remar-
qua que la comète, dans son voyage futur, devait passer près de Saturne et de Jupiter, qui
avaient dû dévier notablement de son orbe
elliptique un corps aussi léger. Il publia les
formules qui, après de pénibles calculs, devaient
permettre d'apprécier la course réelle que la

comète avait dû suivre à cause du dérangement
produit par le voisinage de ces deux géants des
cieux.

Grâce au concours de Mme Hortensia Lepaute et de Jérôme de Lalande, qui exécutè-
rent les calculs numériques *à la vapeur*, au-
rait-on dit, si la vapeur eût été mieux connue
alors, Clairaut trouva une différence de six cent
dix-huit jours avec l'époque indiquée par Halley.
Il fixa le mois d'avril 1759 comme l'échéance
probable du retour. La circonstance était si
grave, que des astronomes se mirent en route
dans toutes les directions. Mais aucun de ces savants géomètres qui couraient l'Europe afin de
rencontrer la comète, ne put attraper la voya-
geuse si ardemment traquée par toutes les
Académies du monde. Celui qui eut l'honneur
de la signaler au monde savant et à l'autre,
fut un laboureur saxon, un paysan qui ne
s'était jamais jusqu'alors occupé d'astronomie.
Il s'amusait à regarder le ciel parce qu'il avait
entendu dire que tous les grands savants faisaient la chasse à la comète, et qu'il aimait
à braconner. Les grands astronomes de l'Ob-

servatoire de Paris durent attendre, pendant un mois encore, sans pouvoir retrouver l'astre que ce rustre avait forcé.

Le premier Herschel a fait un calcul qui nous a toujours paru admirable; car il fait merveilleusement comprendre comment il se fait que tant de choses échappent aux astronomes de profession. Mieux que tous les raisonnements il explique comment il y a pour tout le monde des comètes et des planètes à ramasser dans les espaces infinis.

Chacun comprendra sans doute que quand on double le pouvoir d'un télescope, on diminue de moitié le champ de la vision. La surface explorée se rétrécit en proportion que la puissance de pénétration augmente. Si l'on regarde le disque de la lune à la vue simple, on n'aperçoit aucun détail, il est vrai, mais on voit tout ce qui est éclairé pour nous. Mais en augmentant le grossissement, on interne l'œil, s'il est permis de s'exprimer ainsi, on finit par ne plus apercevoir qu'une petite fraction d'un disque qui n'est lui-même qu'une petite fraction des cieux. Si l'on pouvait pousser assez loin le grossissement, on arriverait à remplir le champ de l'instrument avec le moindre versant d'un des plus petits cratères. En outre, la vision devient de plus en plus difficile à mesure que le pouvoir grandit. Il faut des conditions particulières de transparence d'air pour que l'image acquière un degré suffisant de netteté. L'astronome doit bientôt fuir avec un soin égal les derniers reflets du crépuscule, les teintes de la lumière zodiacale, les premiers feux de l'aurore, le voisinage de l'horizon de la terre, ou la lumière même rayonnée par un astre puissant ! En tenant compte de ces conditions, l'illustre sondeur du firmament a montré qu'il faut huit cents ans d'observations continues pour balayer une seule fois toute la surface du ciel visible en un lieu de la terre, avec un télescope pareil à celui qu'il a si admirablement utilisé !

Tycho lui-même, le plus zélé des astronomes, lui qui n'observait cependant qu'à la vue simple, laissa échapper bien des choses que des ignorants observaient mieux que lui. Il descendait de son observatoire après une nuit passée tout entière à étudier les astres, lorsqu'il aperçut

un groupe de paysans tenant le nez en l'air. Ces
pauvres gens, qui se rendaient au marché de
Copenhague pour y vendre des légumes, avaient
découvert une magnifique étoile d'un éclat fabuleux, une étoile qui dura près d'un an, et
qui, ayant surpassé Sirius lui-même, est connue
dans l'histoire sous le nom d'étoile temporaire
de Cassiopée.

Est-il donc déraisonnable de regretter que
l'amour de la lunette fasse renoncer à l'usage des
organes que la nature nous a donnés?

Excès pour excès, peut-être faudrait-il, sous
un certain point de vue, respecter les pré-
ventions d'Hévélius, qui ne voulut jamais, pour
explorer les sphères célestes, se servir d'autre
instrument que ses yeux.

Grâce à une ingénieuse préparation des formules et à un système de vérification réci-
proque des calculs, Prony est parvenu à faire
exécuter, par des hommes fonctionnant comme
des machines, les magnifiques tables de logarithmes du cadastre. Il put employer, dit-on, à
ce travail bien peu récréatif, les garçons per-
ruquiers que la suppression de la poudre et

des queues avait laissés sans ouvrage dans le cours de la Révolution.

Cet exemple paraît avoir tenté M. Le Verrier, qui a organisé, à ce qu'il paraît, dans ses usines d'astronomie, un système d'observations qu'il dit automatiques, et auxquelles il prétend que l'observateur n'entre pour rien. En s'appuyant sur ces principes, il refusa, dans une des dernières séances de l'Institut, de faire connaître le nom de l'employé de l'observatoire de Marseille qui avait découvert la quatre-vingt-onzième petite planète; cette prétention s'est renouvelée à plusieurs reprises, chaque fois qu'une découverte a eu lieu dans ses établissements. Le bon sens public a protesté énergiquement contre une théorie aussi peu de saison à une époque où l'on se pique d'être juste pour les plus obscurs collaborateurs. Nul n'a admis que l'employé d'astronomie, nouveau paria dans la science, doive être traité plus durement que les mécaniciens, ou les tisserands, ou les ciseleurs dans les expositions d'industrie, que les laboureurs dans les concours régionaux. Chacun connaît aujourd'hui les noms de

MM. Coggia et Borelly, et il reste au directeur de l'astronomie française le souvenir d'une inutile tentative pour les avoir cachés.

Habent sua fata libelli, a-t-on dit avec raison, sans se douter certainement que ce dicton célèbre peut s'appliquer également aux établissements astronomiques; c'est ce que l'histoire même de l'observatoire de Marseille va prouver.

Gambart, qui était un des prédécesseurs de M. Stephens, vivait il y a environ un demi-siècle, employait parmi les gens de service un concierge nommé Pons. Doué d'un goût naturel pour l'étude des sciences, cet humble auxiliaire de la science ne se bornait point à tirer le cordon pour le compte de l'astronomie marseillaise, il avait pris l'habitude, pendant que son maître dormait, de regarder dans ses lunettes. Un jour qu'il faisait nuit, comme dit la chanson, Pons fit la découverte d'une comète, une comète conséquente, pourrait-on même ajouter. En effet, dès que l'observation fut faite, Bouvard détermina l'orbite de l'astre inconnu, et Arago fit remarquer leur grande ressemblance entre les nou-

veaux éléments et ceux d'une comète aperçue
en 1805. M. Encke, de son côté, trouva dans
les recueils scientifiques des observations de
1786 et de 1795 qui paraissent se rapporter au
même astre. Il devint bientôt incontestable qu'on
avait affaire à une sorte de planète excentrique
ayant l'aspect d'une comète ordinaire, et circu-
lant dans un orbe *elliptique de douze cents
jours !* En étudiant avec plus de soin la marche
de cet étrange corps dont un portier *indiscret*
avait doté l'astronomie, M. Encke ne tarda
point à reconnaître qu'elle éprouvait, à chaque
révolution, une accélération s'élevant à $\frac{2}{5}$ de
jour, soit un *trois-millième* de sa durée ! C'est
à ce *concierge* émancipé, ce savant de contre-
bande, que la science philosophique doit la découverte d'un fait que les grands astronomes
patentés n'ont pu expliquer, car cet astre malencontreux met en évidence la vanité de beaucoup
d'équations transcendantes. Ce fut lui qui fit penser à la matérialité du milieu éthéré, dont il n'est
plus question depuis la chute de la théorie des
tourbillons. Gambart eût peut-être traité Pons
comme l'avait été, quelques siècles plus tôt,

Regiomontanus, lequel fut, comme on ne l'a point oublié, assassiné par le fils de Georges de Trébizonde, s'il avait pu se douter que ce maladroit concierge venait de créer aux héritiers de Newton un embarras dont ils ne se sont point tirés, dont ils ne se tireront peut-être jamais! Quoiqu'il n'eût pas deviné l'influence que la comète de Pons devait avoir sur l'avenir de l'astronomie orthodoxe, il se montra cependant déjà bien dur. L'insolence de son concierge, qui se servait de ses instruments, lui parut aussi coupable que celle d'un valet qui aurait mis ses bottes ou ses habits pendant son sommeil. Il l'aurait chassé, sans l'intervention du baron de Zach, éditeur de la *Correspondance académique*, qui lui rendit ce crime inutile. Ce savant bienveillant procura à Pons non plus une place de concierge, mais bien une position d'astronome à la cour de Marie-Louise, qui régnait à Parme, et qui prenait plaisir à faire pièce au gouvernement des Bourbons.

Pons continua à faire des découvertes, d'abord à Parme, puis à Florence, où la mort

2.

vînt quelques années après l'enlever à la science.
C'est sous le gouvernement du second empire
qu'arriva, dans la même ville de Marseille, un
second scandale pareil à celui que le gouvernement microscopique de Marie-Louise avait eu
le bonheur de réparer d'une façon aussi satis-
faisante.

Malheureusement pour les astronomes que
M. Le Verrier avait voulu priver de leurs
titres, il n'y a plus, ni à Parme, ni même à
Modène, de gouvernement qui ait intérêt à réparer les erreurs des chefs du gouvernement
astronomique de la France. Ces jeunes gens
sont restés à l'observatoire de Marseille fort
mal vus sans doute de leurs chefs, qui ont dû
leur pardonner difficilement d'avoir désobéi au
règlement, en ne se laissant point dépouiller de
l'honneur qui leur appartient devant l'histoire.

M. Gambart, du reste, qui mourut jeune et
n'était point astronome sans mérite, fut bien
malheureux avec les comètes. On est souvent
puni par où l'on a péché. La suite de son histoire nous fournira une seconde anecdote fort
instructive, car elle pourrait faire croire qu'il y

a une sorte de justice distributive même dans
les espaces planétaires. Le 9 mars 1826, il lui
arriva de trouver au bout de son télescope un
petit nuage de lumière. Il allait donc ne plus rien
avoir à envier à la gloire de son heureux portier. Mais, hélas! cette comète qui devait trans-
mettre son nom à la postérité la plus reculée,
avait été découverte dix jours auparavant, à
Johannisberg, par un étranger. Elle appartenait
par droit de légitime conquête au capitaine au-
trichien Biéla, qui n'était point, il est vrai,
faible consolation pour Gambart, dépourvu de
connaissances astronomiques. On vit en outre,
heureusement après la mort de Gambart, que
la comète qu'il avait cru saisir, offrait des par-
ticularités mystérieuses, de nature à la rendre
à jamais célèbre. Elle se sépara en deux fragments lumineux, que l'on vit naviguer de con-
serve dans les célestes sphères.

Gambart n'avait point épuisé sa mauvaise
fortune avec cet astre malencontreux, qu'on
aurait pu croire créé pour son désespoir. Pour se
consoler de son échec, le malheureux astronome
se mit tout de suite avec acharnement aux cal-

culs nécessaires pour constater la périodicité.
L'astre reconnu, il avait cru s'apercevoir qu'il
était identique avec une comète qui avait déjà
fourni deux apparitions. Mais même sur le terrain analytique il n'était pas seul. Il trouva un
concurrent nommé Clausen, qui arriva en même
temps que lui à déterminer que l'astre revenait
tous les sept ans.

Dans ces derniers temps, M. Le Verrier a
beaucoup insisté sur la difficulté de découvrir
les comètes, et avec raison; en effet, ces astres,
n'ayant rien de régulier dans leurs allures, peuvent se présenter avec une vitesse et une direction quelconques, dans une position du ciel également quelconque. Mais ces obstacles si grands
ne feront qu'augmenter l'étonnement de ceux
qui verront la part glorieuse prise par des ignorants, des *gens incompétents*, comme on dirait
à l'Académie.

Vers le milieu du siècle dernier, un astronome français du nom de Delisle, fort zélé,
et auquel on doit de bonnes observations sur le
tonnerre, avait besoin d'un copiste. Il prit par
hasard un jeune homme tout à fait étranger

à l'étude des sciences, et qui n'avait pour tout talent qu'une jolie écriture. Ce scribe de rencontre se passionna, on ne sait comment, pour l'astronomie. Il découvrit quelques comètes (ce qui était la recherche à la mode), que son maître n'avait pu voir, malgré son ardeur bien rare. Delisle avait le faible, trop commun chez les astronomes, de chercher à augmenter son bagage scientifique à l'aide de celui des chercheurs sur lesquels il avait autorité. Il obtint facilement que son pauvre copiste gardât le silence sur les découvertes qu'il venait de faire. Mais il lui donna en échange de ses titres à l'immortalité, outre le droit de regarder dans ses lunettes, la table d'abord, puis ensuite le logement. En outre, comme il était au fond un fort brave homme, un travailleur, et qui avait eu lui-même beaucoup à souffrir de l'injustice des grands savants en faveur de son temps, il n'eut pas besoin qu'on lui fît honte de son plagiat pour renoncer à sa coupable pratique. Il ne tarda point à s'intéresser de lui-même à sa victime, qui devint son protégé. Il mit bientôt sa gloire à faire de ce copiste un véri-

table astronome, et il réussit au delà de ses
désirs. En effet, l'homme qu'il tira ainsi de
l'obscurité, n'était autre que Messier, le pré-
décesseur immédiat de M. Mathieu dans son fauteuil de l'Académie des sciences. Cet astronome
de raccroc, de hasard, devenu plus célèbre que
Delisle, ne doit mourir jamais dans le ciel; car,
lorsque Lalande crut nécessaire de remplir les
espaces libres qu'avaient laissés les constellations des anciens, il lui consacra une place
entre la queue de la grande Ourse et la chaise
de Cassiopée! Le plus beau titre de Delisle,
celui qui efface tous les autres, c'est de l'avoir
eu pour élève, et de ses découvertes la plus
brillante sans contredit, fut de l'avoir trouvé.

Messier vécut en outre fort vieux sur la terre,
et nous pouvons le citer comme exemple du zèle
et de l'application que l'amour du ciel inspire
à ceux qui ont une véritable vocation astronomique. Il conserva, jusqu'à la fin de sa longue
carrière, le goût des recherches, qui était devenu
proverbial, même à la cour, où il finit par se
laisser entraîner. Le roi Louis XV l'appela le furet
des comètes. Rien ne pouvait détourner des de-

voirs de sa profession cet homme qui, comme
l'astronome de la Fontaine, se laissa choir un
beau jour au fond d'un puits. Il lui arriva le malheur de perdre sa femme au moment où Montagne, l'astronome de Limoges, découvrait une
nouvelle comète. « J'en avais encore une », s'é-
criait-il, tant il était possédé du démon de l'astronomie, « fallait-il que ce Montagne me
l'enlevât. » Quand on lui fit remarquer que
c'était de sa femme que l'on parlait, et non de
la comète : « Ah! oui, dit-il, c'était une bien
bonne femme. » Mais il était évident qu'il pleu-
rait toujours sa comète. Cependant cet astronome, si détaché même des affections terrestres,
était dépourvu de connaissances mathématiques;
il affectait le plus grand mépris pour tous les
calculs basés sur l'attraction newtonienne, sans
lesquels cependant *aucun astronome ne saurait être complet*, ajoute sententieusement
M. Petit (de Toulouse), en racontant, dans son
*Traité d'astronomie à l'usage des gens du
monde*, cette singulière histoire.

Cet astronome incomplet, malgré le tort que
lui fit éprouver la découverte de Montagne (de

Limoges), n'en arriva pas moins à attacher son
nom à seize comètes. Au contraire, il serait
possible de citer des algébristes passés astronomes qui n'ont jamais eu la satisfaction d'être
les premiers à promener le réticule de leur lunette sur un de ces hôtes vagabonds de notre
ciel. Jamais petite planète ne s'est présentée à
eux sans que leur télescope ait été guidé par
des calculs et des observations sur lesquels ils
n'ont aucune espèce de droit.

Si un astre éloigné s'est rencontré jadis au
bout de leurs équations, est-il sûr qu'ils sa-
chent toujours le discerner des étoiles d'à
côté? Est-il même certain qu'ils aient bien en
réalité le droit de réclamer le privilége de la
découverte au point de vue analytique. N'est-
ce pas d'eux, que de leur vivant même on peut
dire avec justice : *Ils n'ont rien inventé!*

Les princes de la science n'ont pas souvent
eu leurs papiers académiques en règle lorsqu'ils
ont commencé leur carrière astronomique. De
toutes les branches des connaissances humaines
c'est peut-être dans l'astronomie où l'on trou-
verait le plus d'irréguliers. Herschel avait déjà

quarante ans quand il se sentit tourmenté par
le désir de devenir un observateur. Jusque-là
il n'avait point conçu l'idée, non-seulement de
construire un télescope de ses propres mains,
mais encore de regarder le ciel dans un télescope
qu'un opticien aurait construit.

Malgré les prétendues révélations de M. Michel
Chasles, chacun avouera que le jeune Isaac
Newton ne peut pas avoir été un astronome
bien consommé à vingt-deux ans. Cependant
c'est à cet âge où sa science était encore certainement bien précaire, qu'il devina l'attraction, qui avait échappé à tant d'hommes beaucoup plus compétents que lui, qu'il mit la main
sur une idée de laquelle vivent encore, après
plus de deux siècles écoulés, pour *tout potage
scientifique*, tant d'astronomes de nos temps.

Galilée n'était qu'un enfant lorsqu'il regar-
dait les lustres oscillant dans une église de
Pise, afin de tromper les ennuis d'un sermon
trop prolongé. Cependant l'isochronisme des
oscillations frappa sa jeune intelligence encore
vierge et inculte. Que d'analystes rompus aux
calculs de la *Mécanique céleste*, habitués aux

déductions les plus subtiles que l'on en peut
tirer, auraient négligé cette remarque, si un
jeune homme ne l'avait faite avant eux! Que
d'enfants phénomènes couronnés des lauriers
universitaires, polytechniques et autres, vieil-
liront inutilement sur les bancs des insti-
tuts, et blanchiront sous les honneurs scientifiques, sans qu'un simple théorème porte leur
nom!

Le décret de la Convention nationale qui
réorganisa le Bureau des longitudes mit l'Observatoire sous l'autorité d'un de ses membres
spécialement chargé de la direction des observations. C'était au gouvernement impérial qu'il
appartenait de faire régner le dualisme dans
notre administration astronomique où les anar-
chistes avaient établi une parfaite unité. La
loi fondamentale votée par les vandales révo-
lutionnaires assura le haut enseignement pratique. Elle disposa, de plus, que le membre
chargé des observations ferait un cours gratuit
et public. Arago, qui beaucoup plus tard fut
nommé directeur, voulut obéir aux prescrip-
tions républicaines d'une manière digne à la fois

de la science et de la nation. Il fit construire un
magnifique amphithéâtre où les gens du monde,
curieux de s'instruire, accouraient en foule.
Parmi les personnes qu'il tenait ainsi sous le
charme de sa parole éloquente, se trouvait un
jour M. Goldsmith, peintre de talent, mais ne
marchant point cependant à la tête de son art.
Goldsmith fut saisi d'enthousiasme en entendant
exposer ces merveilles auxquelles il était initié
pour la première fois. Il rentra chez lui, se di-
sant : *Et moi aussi je serai astronome !* Il acheta
une lorgnette de spectacle, et du haut d'une man-
sarde de la maison du café Procope, il se mit à
étudier le firmament ! Bientôt il découvrait
sa première petite planète. Encouragé par ce
succès, il continuait les recherches qui lui ont
conquis l'immortalité. Pour être plus à l'aise,
sans doute, M. Le Verrier a détruit la salle
construite par Arago.

On aurait observé peut-être moins d'ascensions droites et moins de déclinaisons, on eût
été certainement moins à l'aise, si l'on eût conservé le cours qu'Arago avait fondé ; mais en
transformant l'amphithéâtre d'Arago en bou-

doir, combien de Goldsmith, peut-être, n'a-t-on point supprimés ?

III

PASSAGES DE MERCURE SUR LE SOLEIL.

Nous allons montrer encore, par l'exemple d'un phénomène céleste très-spécial, s'il est permis de s'exprimer ainsi, que le ciel n'est point un livre fermé dans lequel un petit nombre d'élus peuvent seuls lire. Nous allons faire comprendre que la science vient en interrogeant la nature à ceux qui ignorent tout, excepté la nécessité d'étudier les objets qui nous entourent. Il en sait déjà plus, celui qui a l'ardeur de savoir, n'eût-il rien appris, que le lauréat qui s'endort sur ses triomphes passés, et qui croit avoir acheté avec des parchemins universitaires ou académiques une infaillibilité que la science humaine ne possédera heureusement jamais. Car le doute qui plane sur les conceptions les plus brillantes l'assaisonne et la rafraîchit éternellement: c'est ainsi que la perspective de la mort est ce qui, pour notre faible intelligence, rehausse à chaque instant le prix de la vie.

Les passages de Mercure sur le soleil possédaient, chez les anciens, une haute valeur symbolique. C'était un instant béni où l'étoile du soir, consacrée au dieu des morts, était remplacée par l'étoile du matin, réservée au dieu des vivants. L'astre brumeux des voleurs avait disparu depuis quelque temps dans les vapeurs, et l'on voyait à sa place paraître le brillant Apollon. Cette conjonction était impatiemment attendue par les alchimistes, qui la croyaient nécessaire à l'accomplissement du grand œuvre, à la transmutation des métaux, peut-être parce qu'ils n'avaient pu en trouver une seule qui fût aussi difficile à saisir. Il en était de même des premiers astronomes de la renaissance, qui, sans croire à Hermès Trismégiste, se conformaient à la tradition mystique et étudiaient avec la plus vive attention un phénomène aujourd'hui trop dédaigné ; car l'observation des passages de Mercure peut rendre plus de services qu'on ne le croit communément. Elle peut être utilisée d'une manière fort sérieuse à la détermination de la distance du soleil, cette base essentielle de la triangulation du

monde solaire et même du monde stellaire. En
effet, la fréquence assez grande de ces passages,
cinq à six fois plus nombreux que ceux de Vénus, et assez régulièrement répartis dans la
suite des siècles, peut compenser jusqu'à un certain point l'incertitude du moment précis où ils
arrivent. Car la théorie de Mercure est encore
très-imparfaite, malgré les assurances de certains
astronomes qui prétendent avoir expliqué les
moindres détails des mouvements célestes avec
une incroyable précision, sans autre secours
que la loi de l'attraction.

La difficulté d'apercevoir Mercure, non-seulement sur le soleil, mais même dans le ciel, en
une élongation quelconque, est si grande, que
tous les astronomes qui ont écrit sur cette agile
planète à laquelle les anciens ont eu si raison
de donner des ailes, n'ont pas eu la satisfaction
de la voir une seule fois dans toute leur vie.
Copernic, qui a construit une des premières
tables dont on se soit servi pour prévoir ses
positions successives, disait avec une certaine
amertume qu'il quitterait la terre sans avoir eu
le plaisir de constater matériellement que notre

terre avait une sœur, véritable salamandre vivante au centre de la fournaise, près de la source de toute chaleur et de toute vie. Peut-être le chanoine de Thorn avait-il de secrets remords, de secrètes appréhensions? Craignait-il d'être le jouet de quelque mystification pareille à celle du docteur Lescarbault? car il n'aurait pu se consoler avec une croix d'honneur, si Mercure n'eût été qu'une illusion. Cependant plusieurs savants illustres prétendaient avoir vu l'astre dans sa conjonction inférieure sans d'autre secours que leurs yeux. Il nous suffira de citer Avicenne, Scaliger et Keppler parmi ces privilégiés qui auraient été doués d'une vue surhumaine; car il faudrait avoir une prunelle semblable à celle que la Mythologie donne à l'aigle, pour apercevoir sur un globe étincelant une tâche noirâtre n'occupant peut-être pas la trente-millième partie de son diamètre apparent.

Quand Gassendi parvint à vérifier une prédiction de Keppler en se servant d'une chambre obscure pour diminuer l'éclat du disque solaire, il commença par croire qu'il s'était trompé. Ce

ne fut point sans efforts et sans hésitation qu'il
se rendit compte du succès qui avait couronné
ses travaux. On donnait alors à l'astre un diamètre de trois minutes, c'est-à-dire un volume trois mille fois plus gros que celui qu'il
possède réellement. Il ne pouvait reconnaître
Mercure sous l'humble forme d'une lentille de
12 secondes de diamètre apparent. Le célèbre
philosophe crut avoir affaire à une tache destinée peut-être par la Providence à lui servir de
jalon pour déterminer la route de la planète
qu'il attendait !

Depuis lors Mercure a bien des fois désap-
pointé les astronomes, et M. Le Verrier n'a jamais écrit rien de plus vrai que cette phrase
qui lui échappe à la fin de l'introduction de ses
Tables : « *Mercure, planète maudite, qui ne
sert guère qu'à décrier la carrière des astronomes les plus illustres.* »

Vingt, trente passages peut-être ont eu
lieu depuis ceux que Halley observa, en
1677, à Sainte-Hélène. Cependant il n'y en a
point une dizaine qui aient pu être observés
complétement depuis l'*entrée* jusqu'à la *sortie*.

En est-il bien une seule qui n'ait donné lieu à aucune critique, à aucun regret ?

On semble avoir plus de chances, il est vrai, en s'adressant aux globes lointains qui mettent tant de lustres à faire un tour entier du ciel. Cependant les erreurs accumulées finissent par montrer par fois l'insuffisance des premières équations avant que la postérité ait eu le temps de consacrer certaines gloires d'emprunt.

Le premier astronome qui voulut suivre l'exemple de Halley alla inutilement aux Indes orientales : Skakerlaken n'est guère connu dans la science que par sa tentative avortée !

Les astronomes français n'ont pas eu plus de bonheur avec cette planète ingouvernable, qui semble avoir le poids du vif-argent, dont elle est le symbole, dont elle partage l'agilité !

Lahire prétendit que la petite planète impertinente viendrait se montrer, le 5 mai 1707, comme une tache circulaire, visible sur le soleil avec un faible pouvoir grossissant. Mais le soleil de ce jour astronomiquement prédestiné se leva radieux, sans qu'aucun nuage l'obscurcît, et cependant la planète attendue ne vint pas.

3

Lahire faillit en devenir aveugle, ou pour le
moins crever de dépit !

La planète passa cependant, mais ce fut pendant la nuit, et Rœmer, actif astronome, qui
aimait à se lever de bonne heure, put la saisir
le lendemain matin, avant qu'elle fût sortie du
soleil.

Le 8 mai 1720, les éphémérides de l'observatoire royal annonçaient un passage que Delisle se mit en devoir d'observer. Mais, hélas!
personne, pas même à Copenhague, ne vit rien
du tout passer !

Lors du passage de 1753, Louis XV se trouvait dans tout l'éclat de sa puissance. Lalande,
jeune et zélé pour le bien de la science, qui
ne pouvait se passer alors de la protection
des souverains, voulut procurer à Sa Majesté le plaisir d'assister à un spectacle aussi
rare. Il se transporta à Meudon avec ses instruments, pour fournir à Mercure l'honneur
de se présenter devant un aussi grand roi.
Mais la planète, qui ne se doutait point sans
doute de la réception qu'on lui préparait, ne
marcha pas plus vite qu'à l'ordinaire. Malgré

les tables de Lahire, astronome patenté pourtant, le passage n'eut lieu que le 6, à deux heures et demie du matin, heure à laquelle on ne pouvait réveiller Louis le Bien-Aimé, qui à cette heure n'a jamais eu d'autre étoile que la Pompadour ou la Dubarry.

Après un grand nombre d'essais infructueux sur la théorie de Mercure, Lalande se décida à apprendre le grec, afin de discuter de nouveau les observations transmises par l'*Almageste;* il se rendit maître de la langue d'Homère et de Ptolémée, mais le passage de 1786 vint renouveler ses douleurs de 1753, au lieu de lui procurer la récompense de si pénibles travaux. Le soleil se leva entouré de nuages et accompagné d'une pluie de mauvais augure, malgré le proverbe parisien qui dit :

« Pluie du matin n'effraye pas le pèlerin. »

Lalande, le neveu de Lalande, Méchain, Delambre, Cassini, et ses trois adjoints, étaient à leur poste, armés d'instruments très-parfaits pour l'époque, et animés d'une fébrile impa-

tience que les observateurs de notre France
moderne ne connaissent plus. Une heure après
le moment fixé pour la sortie, Mercure n'était
point encore entré. Dépités, ils jetèrent leurs
lunettes, excepté Delambre, qui commençait
alors sa carrière d'astronome, et qui avait par
conséquent toute la ténacité d'un débutant de
race picarde. Il ne voulut point lâcher prise
sans avoir vu passer l'astre dont ses tables annonçaient l'arrivée. Il le vit en effet ; mais quand
il raconta le soir à ses collègues en astronomie
qu'il avait assisté à l'apparition de Mercure,
personne ne voulut ajouter foi à son récit. Il
passerait peut-être encore aujourd'hui pour un
hâbleur, sans la confirmation de quelques observateurs étrangers.

Depuis que l'on étudie le ciel, on n'a jamais
remarqué le moindre choc brusque dans les
évolutions des corps célestes, car les rencon-
tres des grosses planètes avec les astéroïdes,
simples atomes cosmiques, ne méritent pas ce
nom, si l'on tient compte de l'immense dispro-
portion des astres qui entrent en collision. Tous
les phénomènes qui se passent là-haut sem-

blent se produire avec une régularité destinée à
nous faire honte du désordre et de la brusquerie
de nos passions. On dirait que tous les mouvements des êtres peuplant l'infini sont guidés
par des lois dont l'harmonie se modifie toujours par transitions insaisissables et qui rajeu-
nissent sans cesse un système éternellement
nouveau. On peut enseigner, sans crainte de se
tromper, que les éphémérides les plus récentes
sont les meilleures, et que les jeunes ont toujours raison contre leurs aînées.

Lors du passage de Mercure, qui eut lieu en
1861, M. Le Verrier venant de publier des tables
toutes récentes, s'appuyait sur des données
toutes fraîches qui n'avaient point encore eu le
temps de se faner. Cependant il ne voulut rien
donner au hasard, tant il se défiait sans doute de
ses tables encore adolescentes. Il attendit quinze
jours avant la conjonction pour en prédire les
circonstances. Au mois de novembre prochain
(1868) aura lieu un nouveau passage dans
lequel il devra se servir de tables déflorées ; te-
nons-nous heureux s'il cherche à devancer de
huit jours la vérification brutale des observa-

tions, juges sévères qu'aucune donnée théorique n'est encore parvenue à corrompre.

De grands préparatifs avaient été faits dans le passage de 1861, afin de pouvoir observer d'une façon sérieuse et digne des progrès de la science contemporaine. Pour la première fois peut-être, M. Le Verrier se trouvait au centre d'une toile astronomique s'étendant sur toute la France à l'aide du réseau des télégraphes de l'État. A Toulon, à Marseille, à Bayonne, à Brest, on avait pris les dispositions spéciales que l'on devrait adopter chaque fois que surgit un phénomène saillant.

Hélas! les nuages se montrèrent sans pitié pour les pauvres astronomes français. Aucun d'eux n'avait deviné qu'avec quelques aéro-stats, quelques montgolfières même, on pouvait s'assurer de voir Mercure à tout prix. Nul n'a-vait compris la gloire qu'il y aurait à arracher à la nature quelques renseignements, qui, quoi-que moins précis que dans les observatoires permanents, n'en seraient pas moins précieux.

Si à Rome et à Altona on n'avait aperçu quelques éclaircies, c'était fait de la vérification, dont M. Le Verrier ne tarda point à faire apprécier l'importance à l'Académie des sciences de Paris. Cependant, même dans son triomphe obtenu avec des tables toutes neuves, le directeur de l'Observatoire n'avait encore prévu les circonstances du phénomène qu'à une minute près. Or, dans une minute la planète Mercure parcourt un arc dont la longueur égale à peu près un diamètre de la Terre. Il reste encore après tout une marge fort honnête, comme on le voit.

M. Delaunay ne voulut pas laisser son antagoniste jouir de son triomphe passager éphémère. Il sait avec quelle facilité les rides analytiques s'accumulent. De sorte que les meilleures tables passent avec une rapidité plus grande peut-être que la beauté féminine la plus délicate. On ne se sert peut-être point aujourd'hui à l'Observatoire d'une seule éphéméride qui ait été en usage du temps d'Arago. A peine M. Le Verrier s'est-il assis, que M. Delaunay se lève; il donne lecture d'une note qui renferme quelques aveux précieux, et qui montrera que nous n'exagérons rien quand nous disons que *l'on ne peut expliquer les mouvements célestes à l'aide de la seule attraction*, dans l'école orthodoxe dont M. Delaunay, la lune lui soit en aide, est l'orateur et l'écrivain.

M. Delaunay rappelle avec une malice tout académique que M. Le Verrier, alors au début de sa carrière, arrêta brusquement de lui-même l'impression de sa table des mouvements de Mercure, parce qu'il avait découvert quelque chose qui clochait! Que fit-il pour rétablir l'accord? *Il augmenta le mouvement du grand axe de l'orbite de Mercure de trente-sept secondes par siècle.* Il accéléra le mouvement du grand axe de l'orbite de Mercure sans que cette accélération fût rattachée aux grandes lois de l'attraction! cette rotation hypothétique d'une droite qui n'existe pas plus que la ligne droite elle-même n'a de réalité! Voilà le forfait que dévoile M. Delaunay devant l'Académie, muette d'horreur ou d'indifférence, on ne sait! M. Le Verrier est un empirique, car il introduit un mouvement qui ne découle pas du grand, unique principe de l'attraction; sa prétendue prévision n'a plus de prix. Empirique est M. Faye, quand il parle de la force répulsive ; empirique est M. Newton, d'Amérique, quand il parle des étoiles filantes ; empirique est M. Encke, quand il invoque le milieu résistant ; empiriques furent Galilée, Keppler lui-même, avant que Newton eût découvert la loi d'attraction !

On dirait qu'il y a deux astronomies comme deux humanités pour les dévots, celle qui a été rachetée par le Rédempteur, et celle qui a été soumise au péché, jusqu'à ce qu'il soit descendu aux enfers pour sauver les vivants et les morts. Tout était néant et misère, aux yeux de certaines gens jusqu'au jour où, sans avoir besoin de monter sur la croix, ni même de porter une couronne d'épines, le placide Newton a relevé le genre humain de la tache originelle d'ignorance, en révélant l'attraction, le principe quasi divin qui indique comment la matière obéit éternellement aux lois que le créateur lui a imprimées.

L'exactitude dont M. Le Verrier se targue n'est, en réalité, qu'un tour d'escamotage, un de ces tours dont Marat se plaint dans son affreux pamphlet des charlatans académiques.

A ceux-là seuls qui restent fidèles à tes lois, ô divine attraction ! à ceux-là qui résistent à la tentation d'introduire le mouvement empirique des périhélies, à ceux-là seuls appartient la gloire de bâtir pour l'éternité, de compléter Laplace, comme Laplace a complété Newton ! Ceux-là seuls sauront que, dans un millier de siècles, la durée du jour sidéral aura varié d'un millième de seconde par l'effet des marées !

Que fait encore une fois à M. Delaunay la vérification dont M. Le Verrier est si fier ? Est-ce que toute formule empirique ne représente pas les observations pendant un certain temps. Lalande, l'affreux athée qui mangeait des araignées, et dont le nom fait frissonner M. Le Verrier, n'a-t-il point répondu, il y a quatre-vingts ans déjà, à un empirique qui voulait faire varier des orbes : « Mais avec le procédé commode que vous me proposez, je n'aurais pas besoin de vos équations pour représenter le mouvement de Jupiter, celles de Vénus me suffiraient très-bien. »

Est-ce que les anciens astronomes ne représentaient point les mouvements des astres avec leurs épicycles, en partant du mouvement circulaire et sans avoir besoin de l'ellipse? Est-ce que les mouvements célestes ne se représentaient point aussi bien avec la courbe du quatrième degré de Cassini, qu'avec l'ellipse de Keppler? Est-ce que, aurait-il encore ajouté, s'il n'avait craint sans doute d'avertir le public qui écoute et qui paye, est-ce que les *empiriques* n'ont point à faire varier non-seulement le mouvement du grand axe des orbes, mais encore l'inclinaison des orbes eux-mêmes les uns sur les autres? Est-ce que Laplace lui-même n'a pas montré, lorsqu'il s'est agi de rassurer les populations effrayées de la fin possible de la machine du monde, qu'il n'y a de rigoureusement invariable que la valeur absolue des grands axes, de sorte que l'excentricité elle-même est à la merci de ces empiriques. *Rien n'est sacré pour un sapeur!* semble être usé maintenant. Thérésa devrait peut-être chanter rien n'est sacré pour un astronome qui, de son autorité privée, sans la permission de l'attraction, fait valser les périhélies elliptiques. Est-ce que dans tout système quelconque possible de tourbillons, d'attraction ou même de répulsion, on n'arrivera point à expliquer les inégalités à l'aide d'un nombre suffisant de termes. Pourvu qu'on le suppose doué d'un flair analytique assez développé, un astronome de troisième catégorie pourra discerner ceux qui sont actuellement négligeables ; mais plus tard qu'arrivera-t-il quand le temps se sera accumulé. Voilà la perspective qui glace d'effroi tout astronome qui a la prétention d'avoir rédigé une œuvre qui bravera l'action des siècles, un monument qui durera aussi longtemps que l'attraction ! Il ne peut s'empêcher, au milieu de sa gloire, de craindre qu'il n'ait point encore poussé assez loin les approximations, car il s'est arrêté au septième ordre de grandeurs. Non content de ce miracle de patience que nous voudrions pouvoir faire apprécier à nos lecteurs, il annonce qu'il ira jusqu'au huitième, au neuvième, au dixième et même au onzième ordre, dût-il y employer tout ce qui lui reste de force et d'années à passer sur la terre. Ce n'est point, comme on le voit, une mince affaire que de dévouer sa vie à cette déesse qui, pour être abstraite, n'en est pas moins dévorante, et qui se nomme l'attraction.

IV

MÉPRISES A PROPOS DES COMÈTES.

Depuis l'antiquité la plus reculée jusqu'aux calculs exécutés par Newton en 1680, les comètes ont été considérées comme apportant des présages de malheurs publics. Leur aspect, si différent de celui des autres corps célestes, leur marche bizarre, le peu de durée de leur apparition, tout concourait en effet à les signaler comme des prodiges d'un défavorable augure.

« Tel, dit Homère, on voit briller un des astres que Jupiter envoie, signe de colère quand il s'oppose, soit aux expéditions maritimes, soit aux grandes armées de la terre. » Virgile et tous les poëtes latins, jusqu'à ceux du moyen âge, se sont épuisés en épithètes funestes qui remplissent plusieurs pages du *Gradus ad Parnassum*. Ils n'ont pas tout à fait tort, sommes-nous obligés de dire au point de vue scientifique. En effet, ces globes mystérieux, ces astres sont loin d'être favorables à notre astronomie classique, quoique les stoïciens, et sans doute les pythagoriciens, aient connu la régularité de leur route.

Newton, il est vrai, eut l'honneur de revenir aux idées antiques, et de montrer, par la comète de 1680, que ces lumières étranges appartiennent bien à notre système du monde. Il comprit qu'elles décrivent des orbes de même nature que les planètes ordinaires, c'est-à-dire des courbes du second degré dont le soleil occupe un des foyers; mais cette idée laissa place, hélas! à bien des erreurs.

Halley, qui succéda pour ainsi dire à Newton dans la direction de l'astronomie britannique, voulut confirmer cette théorie essentielle et agrandir le domaine de l'attraction. Le succès de sa prédiction, hardie, étrange, fut, comme nous l'avons indiqué plus haut, un des plus grands événements de l'histoire de l'astronomie moderne. Comment, en effet, ne point être saisi d'enthousiasme en reconnaissant dans ce brillant visiteur autre chose qu'un météore passager, en saluant un astre habitué de nos plages cosmiques, quittant périodiquement ses ténèbres, pour venir se chauffer aux rayons du même soleil que nous.

C'est, du reste, sous les coups des comètes que la théorie des tourbillons paraissait destinée à périr, malgré les subtils *raisonnements* présentés par l'aimable et ingénieux Fontenelle, pour la défense de cette merveilleuse conception. On comprenait bien, en effet, comment les astres tournaient autour du soleil dans un immense tourbillon qui les entraîne comme un fleuve emporte un bateau. Mais les plus habiles commentateurs de Descartes n'étaient point parvenus à se rendre compte de la manière dont ces astres capricieux peuvent changer de tourbillon, passer constamment d'un courant dans un autre, comme un papillon pourrait s'approcher de toutes les fleurs s'il savait choisir le souffle de vent qui lui convient. On oublia bientôt que les astronomes avaient été devancés par le paysan. On ne songea qu'à la gloire des calculs de Clairaut, complétés par Lalande et Mme Hortensius Lepaute. Aussi, quand l'année 1835 vit revenir une nouvelle fois la comète, on n'était point inquiet de son retour. Elle ne faisait que

son devoir en arrivant exactement au rendez-
vous qu'on lui avait assigné au nom de Newton. Le public ne prêta qu'une médiocre attention aux observations qui montrèrent que
son éclat avait singulièrement diminué. La victoire du siècle dernier avait été trop décisive,
trop complète, pour qu'un cartésien attardé
songeât à livrer une nouvelle bataille en faveur du plein et des tourbillons. On ne
s'inquiéta nullement des discussions auxquelles
prirent part Poisson, Pontécoulant, Valtz, Ro-
senberg, etc., de la valeur vraie qu'il fallait
attribuer aux éléments elliptiques de la comète,
des divers tiraillements qu'il fallait leur faire
subir pour représenter suffisamment les équations. Il y avait une comète, et le triomphe était
assez beau, car cette comète était une vieille
connaissance ayant assisté dans notre histoire
aux plus grands événements. C'était en personne la mystérieuse visiteuse qui s'était mon-
trée aux Turcs lors de la prise de Constantino-
ple; aux Normands, au moment où Guillaume
allait franchir le détroit; et enfin aux Français
et aux Allemands lorsque les fils de Louis le

Débonnaire s'arrachaient les lambeaux de l'empire de Karl le Grand.

Cependant un sceptique embarrasserait peut-
être encore aujourd'hui les astronomes orthodoxes, s'il leur demandait ce que devint la
comète de Lexell, qui disparut en 1770, au
milieu des quolibets des journalistes et des chan-
sonniers du temps, et qui, depuis, n'a plus re-
paru. Si le triomphe de Clairaut n'eût été si
récent, cet accident aurait peut-être fait ouvrir
les yeux. Mais rien n'ébranle le triomphe de la
foi, même scientifique, au lendemain du jour où
on la croit établie sur des bases indestructibles.

Dans l'enthousiasme qui régnait alors, on
trouva un moyen pour expliquer non-seulement
pourquoi la comète nous avait abandonnés, mais
encore comment il se fit qu'elle daigna nous
visiter. Mais ce roman astronomique ne brille
point par la simplicité, comme on va en juger.

On n'a pas vu la comète avant son apparition première, parce que son orbe était alors
parabolique ou hyperbolique, et qu'elle venait
des profondeurs infinies. Mais comme elle passa
dans le voisinage de Saturne et de Jupiter, cet

orbe délicat fut troublé par l'influence de deux
planètes aussi puissantes, et, d'ouvert qu'il
était jusqu'alors, il devint fermé. Par suite de
cette aventure, ce globe qui errait de soleil en
soleil fut fixé dans notre monde planétaire, qui
compta dès lors un monde brillant de plus, pré-
cieuse conquête venant providentiellement enri-
chir notre astronomie cométaire.

Mais cet astre étrange n'avait point encore
épuisé la série de ses aventures bizarres.

Dans sa première évolution après son an-
nexion, notre nouvelle conquête ne fut pas visible, à cause de son trop grand rapprochement
du soleil. Dans la seconde évolution, elle eut la
mauvaise chance de repasser dans le voisinage
des deux astres qui l'avaient donnée à l'empire
du soleil, et qui, se repentant peut-être, la re-
foulèrent dans l'infini, brisant eux-mêmes l'orbe
qu'ils avaient fermé ! N'est-ce point le cas d'appliquer le vers du poëte : « *Le flot qui l'apporta*
recule épouvanté. »

De nos jours a eu lieu une autre méprise qui
aurait excité quelques doutes, si la théorie de
l'attraction n'eût été considérée comme triom-

phant sur toute la ligne, s'il avait été encore
question de la matière des cieux ou des tourbillons.

Une des plus brillantes comètes qui aient
jamais paru dans le ciel est, sans contredit,
celle de 1556, qui est connue dans l'histoire
sous le nom de comète de Charles-Quint.

L'empereur, qui l'aperçut avec effroi, crut
à sa mort prochaine; il se hâta d'abdiquer, et
de se retirer dans le monastère où il passa ses
derniers jours. Il composa un distique latin que
le père Pingré traduisit dans le quatrain suivant :

> Par la très-sainte comète
> Qui brille sur ma tête,
> Je connais que les cieux
> M'appellent de ces lieux.

Une comète qui avait eu l'honneur d'exciter
tant d'effets sur l'esprit d'un si grand prince ne
pouvait être oubliée comme une comète ordinaire. On détermina plus tard le mieux que l'on
put son orbe, et l'on déclara qu'il offrait une
grande analogie avec celui d'un astre analogue

qui avait paru en 1264, lors de la mort du pape
Urbain. Cette comète elle-même n'était point à
sa première visite dans notre ciel; un astre analogue avait traversé les constellations du Lion,
du Cancer et des Gémeaux, on se hâta d'en
conclure que l'on revoyait une nouvelle fois un
astre chevelu aperçu déjà deux fois dans les
mêmes parages célestes en 104 d'abord, et en
683, dates rangées en ligne donnant des distances variant de 289 à 292 ans, si l'on suppose qu'une apparition ait échappé vers la fin
du IVe siècle, à la faveur des préoccupations lé-
gitimes qu'entraînait l'invasion des Barbares. En
ajoutant 292 ans à l'époque où le grand empereur disparut définitivement de ce monde, on
arrive à l'année de la révolution de février où la
comète funéraire ne parut point, quoiqu'elle fût
attendue. C'était une belle occasion pourtant.
Mais un calculateur d'Allemagne, jaloux de la
gloire de Lalande et de Mme Lepaute, reprit les
calculs sur les fameuses formules de Clairaut. Il
annonça que la comète avait dû passer dans le
voisinage d'Uranus, qui avait retardé de huit à
douze ans l'époque de son passage, et qu'il fallait

encore espérer. M. Babinet, qui vérifia les calculs, prit confiance et fit grand bruit de l'apparition prochaine. Mais la comète avait sans doute
rencontré quelque corps plus puissant encore
qu'Uranus dans les profondeurs infinies des
cieux, car personne ne put l'apercevoir. Peut-
être sera-t-elle fidèle au prochain rendez-vous.

Sera-t-il défendu de douter, dès l'an d'ignorance 1868, que les grands prêtres de l'astronomie officielle croient bien fermement aux mé-
saventures de ces astres si brusquement attirés
dans le tourbillon de notre monde, si lestement
congédiés par un coup de balai dédaigneux !
Ceux qui nous enseignent ces belles choses ont
sans doute assez d'esprit pour être les premiers
à rire de ces tours de passe-passe d'analyse bons
pour divertir les badauds mathématiques af-
folés d'équations. Peut-être la retardataire sera-
t-elle exacte au prochain rendez-vous en 2240,
car la circonstance qui lui a fait manquer l'apparition de 396 a bien pu supprimer le passage
inutilement attendu par M. Babinet, sans nous
priver pour toujours de sa lumière. Mais nous
n'osons prier nos lecteurs de suspendre si long-

temps leur jugement sur cette science par à peu
près. N'est-ce pas le cas de dire : « Belle Philis,
on désespère alors qu'on espère toujours ! »

La durée de la révolution d'un astre, comète
aussi bien que planète, est une quantité qui dépend intimement de la valeur du grand axe de
l'orbite que la *Mécanique céleste* considère
comme invariable en toute rigueur au milieu
des inflexions qu'elle est bien obligée de permettre aux autres éléments. Pourquoi avoir
imité dans la théorie des comètes les habitudes
de l'astronomie planétaire, quand on vient de
faire varier cet élément modèle de la façon la
plus audacieuse? Que reste-t-il de cet échafaudage, si on le fait passer par l'infini, dès que
le besoin s'en fera sentir, pour se tirer des
moindres embarras. Tu deviens inutile, brave
comète, va-t'en à tire-d'aile en dehors de la
sphère d'attraction du soleil où le globe orgueilleux de notre science se chauffera éternellement.
Va-t'en bien vite pour ne point déranger notre
terre, qui craindrait de te blesser en t'écra-
sant. Ne trouveras-tu pas la trente et unième
du Cygne? Si quelque grosse planète de ce

pays lointain se dérange encore, rien ne t'empêchera de retomber sur le Centaure. Peut-être agirais-tu avec imprudence si tu avais l'ambition de te joindre au cortége de Sirius. Tu ferais mieux, si tu as assez de bon sens pour redouter les courses nombreuses, d'attacher humblement ta fortune à quelque soleil de dernière catégorie. Là tu pourrais philosophiquement fermer ton ellipse pour une dernière fois. Sans doute nulle planète jalouse ne t'empêcherait de tricoter ton année le long de ta courbe paisible et d'y rouler pendant l'éternité.

Quels cris n'auraient point poussés les calculateurs si c'étaient des philosophes qui avaient voulu leur démontrer par des raisons à priori qu'il suffit d'un coup d'œil donné tous les trois siècles pour se prononcer sur l'identité d'un astre vagabond, qu'on a quelquefois du mal a reconnaître d'une nuit à la suivante! N'auraient-ils point cité avec hauteur les paroles de Keppler enseignant qu'il y a plus de comètes au ciel que de poissons dans l'Océan. N'auraient-ils point renvoyé le pauvre philosophe à l'école de l'expérience, le comparant à un pêcheur cherchant à retrouver dans la Seine le goujon impertinent qui a rongé son ver blanc sans mordre à son hameçon !

Il faut que la fièvre de l'esprit de système soit bien violente pour que l'on ait eu la moindre confiance dans le signalement des astres qui se transforment par des changements à vue pendant le court intervalle de temps qu'ils restent sous notre télescope. Comment veut-on saisir l'identité de globes qu'on voit gonfler plus rapidement qu'un ballon, qui devant nous prennent des queues, des barbes, et qui les laissent, qui nous donnent le spectacle de changements à vue plus rapides que ceux que l'on produira sur la scène du nouvel Opéra ?

Que de fois n'a-t-on pas vu les astronomes occupés à rassurer les trembleurs que les arguments de Bayle n'avaient point convaincus. Qui ne se rappelle Arago lui-même supputant avec effroi les désastres qu'éprouveraient les peuples de la terre, si notre boule venait se heurter contre ces effrayants appendices ! A bout de rhétorique cependant, on ne les a jamais entendus prononcer la parole qui devait dissiper toutes ces terreurs, et déclarer qu'il est impossible de faire naufrage contre de brillants fantômes, de se briser en rencontrant, non des corps réels, mais des spectres aussi peu réels que ceux du professeur Pepper.

Si la doctrine académique ne les avait courbés sous le joug d'idées dont la raison philosophique a toujours eu horreur, on ne verrait pas ces étranges rassureurs être les premiers à croire à la réalité de cette fantasmagorie. Quel est en effet l'académicien, si le vide ne l'eût exigé, qui aurait osé le premier commettre une erreur plus grave que celle du quadrumane qui prenait le Pirée pour un homme? En effet, les singes de Newton qui croient à la matérialité des queues de comètes ne se bornent même point à donner un corps à la lumière; ils retirent à la matière celui que la nature lui a donné ; ils ne voient pas que c'est l'Océan cosmique qui réfléchit et renvoie la lumière dans toutes les parties de l'immensité.

Ce n'est point un singe, mais un homme, un astronome des plus renommés, qui a eu le courage de proclamer que les comètes *sont des*

riens visibles. C'était bien la peine, pour aboutir
à ce véritable coq-à-l'âne scientifique, de tourner en ridicule l'opinion de ceux qui croyaient
que les comètes sont des déjections planétaires,
qu'elles sont produites par l'action mutuelle des
astres pendant certaines conjonctions fécondes.
Il valait mieux peut-être laisser enseigner par
les théologiens que ces globes sont des signes
que Dieu tient en réserve pour avertir les
hommes de faire pénitence, pour menacer les
impies d'un nouveau déluge, qu'une grosse
comète peut semer sous ses pas.

Si l'on veut bien admettre un seul instant
que ces corps si instables sont de simples bulles
de gaz plus réfringentes que la substance extra-
ordinairement diaphane, merveilleusement lim-
pide qui remplit le milieu éthéré, on voit disparaître la plupart des difficultés, des idées
fausses, des conceptions bizarres que nous aurions pu nous donner le triste plaisir d'énumé-
rer. Les variations si rapides de la forme des
queues s'expliqueront de la façon la plus simple,
par un effet d'illumination de l'espace céleste, du
moment que l'on consent à y mettre quelque chose

de plus substantiel que le néant. Mais qui oserait douter aujourd'hui que le monde interpla-
nétaire ne soit peuplé d'une multitude infinie
de petits mondes de toute nature, répandus
dans toutes les directions, suffisamment nombreux pour nous renvoyer toujours la lumière
que les comètes, véritables lentilles naturelles,
leur distribuent? Pourquoi s'acharnerait-on à
nier que des globes comparables aux bolides
qui viennent heurter notre terre doivent étinceler
vigoureusement sous l'action des faisceaux que
les sphères cométaires ont rassemblés. Certes,
ils sont de taille à jouer le rôle des poussières
qui scintillent sous un rayon de soleil, quand ce
rayon pénètre dans une chambre obscure par
l'ouverture d'un volet ! Car l'éclair produit par
leur choc avec les régions supérieures de l'atmosphère est assez brillant pour s'apercevoir
quelquefois en plein jour. Le bruit de leur rup-
ture épouvante des empires entiers, et quand
ils sont mis en poudre, les atomes qui la forment pèsent quelquefois des milliers de kilos !

S'il fallait définir le rôle logique que jouent
les comètes dans le système du monde, s'il

était nécessaire d'attribuer à la Nature un plan
général raisonné, nous dirions que ces bulles
lumineuses doivent être considérées comme de
véritables lanternes sourdes dont elle se sert
pour éclairer les plages voisines de notre orbe.

Des faisceaux magiques de rayons d'une lumière sagement ménagée pénètrent dans les ténèbres de notre nuit, et nous permettent de sonder le mystère de la composition des espaces
où nous voltigeons.

Attachés par la pesanteur à la surface de
notre sphère, nous avions besoin que leur lumière vînt illuminer l'ombre que nous portons
toujours dans les plages où nous errons ; car
notre orgueil persiste à nous croire perdus au
milieu d'un espace vide et désert. Nous ne com-
prenons point encore que le mouvement et la vie
sont répandus partout avec la même profusion
qu'ici-bas. C'est en vain que depuis des siècles
les globes cométaires viennent éclairer les peuples ignorants, incapables de reconnaître des
frères de notre terre dans les myriades de
mondes atomes qui, en même temps que nous,
parcourent l'immensité !

QUELQUES MOTS SUR L'HISTOIRE DE L'ATTRACTION NEWTONIENNE.

Nous avons déjà fait remarquer que les anciens pythagoriciens avaient découvert le mouvement de la terre autour du soleil, et que cette vérité faisait partie de leur enseignement dogmatique. Cette théorie sublime, qui fait pâlir toute la gloire de Newton, était encore si vivante dans l'esprit des érudits, que Copernic ne put mieux faire que d'invoquer l'autorité de la tradition, lorsqu'il proposa d'y revenir. On peut même ajouter que de toutes les raisons qu'il donna, les seules bonnes, peut-être, furent celles qu'il emprunta aux anciens. Les astronomes de l'école officielle glissent sur cette circonstance, qui leur paraît naturellement gênante, car elle devrait leur apprendre que la philosophie est un instrument utile en astronomie. Mais ce qui serait encore plus instructif, sans contredit, que d'insister sur ce détail, ce serait de montrer comment l'astronomie des académiciens d'Alexandrie est parvenue à conserver la

terre au centre de l'univers ; comment le pédan-
tisme et l'ignorance ont éclipsé, pendant plus
de douze siècles, les lumières de la vraie philosophie.

Les physiciens et les astronomes, qui avaient
compris cette grande loi de la nature, étaient
hors d'état de répondre aux arguments captieux
des critiques, qui, ne voyant que le détail,
triomphaient sur des points particuliers. Les
pythagoriciens étaient réduits à répondre,
comme Galilée aux astronomes orthodoxes qui
lui disaient que si Vénus était ronde comme
la lune, et éclairée par le soleil, on verrait des
phases qu'il ne pouvait montrer : « C'est vrai ;
mais je suis certain que l'avenir suggérera une
réponse à cette objection. »

Avant de mourir, Galilée eut la satisfaction
de montrer les phases de Vénus à ses persécu-
teurs. Mais il fallut que douze siècles coulassent
lentement du sablier de l'histoire avant que les
héritiers des pythagoriciens aient pu répondre
victorieusement aux questions des Protagoras
de la mécanique et de la philosophie. Il
arriva, chose digne de remarque, que ces ob-

jections se transformèrent en autant d'arguments, pour ainsi dire irrésistibles, en faveur
de la doctrine nouvelle. Comment se fait-il,
disaient les Alexandrins, si la terre se meut
avec une force immense, que les hommes, les
maisons, les arbres mêmes ne soient point arra-
chés et jetés dans l'espace? Pour répondre, il
fallait inventer la théorie de l'attraction. Mais,
une fois la théorie de l'attraction adoptée, elle
donna une nouvelle force à l'opinion des co-
perniciens. Comment se fait-il que l'aspect du
ciel ne change pas, si la terre se déplace autour
du soleil d'une quantité aussi grande qu'un
diamètre de l'orbe? ajoutaient-ils encore, pour
compléter l'effet de la première objection. L'argument décisif, sans réplique, fut trouvé par
Bradley, qui constata dans toutes les étoiles
un mouvement commun dont l'explication est
impossible si l'on admet que la Terre ne bouge
pas! Mais était-il raisonnable d'attendre que
Newton, Galilée et Bradley fussent venus
donner à Pythagore et à Copernic l'appoint des
découvertes qui immortalisent leurs noms?

Comment les professeurs émérites qui enseignent aujourd'hui dans nos grandes écoles le mouvement de la terre, cette vérité retardée pendant tant de siècles par des scrupules on peut dire académiques, n'ont-ils pas horreur de la méthode démonstrative des sophistes d'Alexandrie? Au moins, si ce retard pouvait servir à faire comprendre qu'il n'y a point d'analyse mathématique qui puisse prévaloir contre l'évidence naturelle et la raison démonstrative d'une analyse indépendante des équations! Que de vérités, en effet, inaccessibles à l'analyse géométrique, malgré ces prétentions, sont à la disposition des amants de la nature, dont la raison sera assez robuste pour ne point éprouver de vertige en sondant les profondeurs des cieux! L'avenir scientifique appartient à ceux qui sauront appliquer aux soleils que le télescope entrevoit dans les nébuleuses les théorèmes découverts sur les monades que le microscope évoque, pour ainsi dire, aux limites de la vision.

Ce n'est point en réalité Newton qui a fondé la théorie de l'attraction, qu'il a présentée comme une simple hypothèse; mais c'est sur son hy-

pothèse que se sont greffées les recherches ultérieures ; des conséquences en ont été déduites
auxquelles il n'aurait jamais songé et dont il est
parfaitement innocent. Biot a beau dire qu'il ne
pouvait lire les œuvres du révélateur des lois du
ciel sans une admiration en quelque sorte religieuse, il est certain qu'il n'y aurait pas
trouvé un seul passage qui autorisât à supposer
que la force que Newton indique, ou mieux
énonce, est la seule à laquelle obéissent les
globes lumineux.

Les géomètres ont tiré de l'idée simple qu'il
a donnée au monde savant des montagnes d'é-
quations. C'est ainsi que les casuistes ont tiré
de l'Évangile le pouvoir temporel de l'Église de
Rome et le droit canon. On pourrait presque
dire, comme on le voit malheureusement, que,
comme l'Église de Rome, celle de l'astronomie
a eu ses jésuites aussi.

On peut voir, dans les articles du *Journal
des savants* que Biot, professa une espèce d'i-
dolâtrie pour Newton. « Je chercherai vainement à exprimer les sentiments d'admiration et
de jouissance profonde qui m'ont ravi lorsque

j'ai relu le *Livre des principes*, lorsque j'ai contemplé, réunies et condensées dans une œuvre immortelle, tant de vérités sublimes qui jusqu'alors avaient été cachées à tous les yeux ! » Mais, comme nous l'avons fait remarquer plus haut, ce sentiment si enthousiaste ne porte point le moindre préjudice à celui que l'on doit aux successeurs de Newton. C'est ainsi que l'honoration des saints n'est point exclusive des hommages que l'on doit au Très-Haut. « Toutefois, ajoute M. Biot, le génie d'un seul homme, fût-il Newton même, a des bornes. Newton n'a point échappé à cette loi commune. Il lui a été donné de connaître le *grand principe qui régit tous les phénomènes* mécaniques du système du monde. Il a pressenti toutes les conséquences comme Moïse a vu la terre promise sans avoir le droit d'y entrer ! Mais il ne lui a pas été donné d'embrasser dans des formules générales et rigoureuses tout l'ensemble du monde créé et tous les rapports de la mécanique des cieux. » Comme on le voit, c'est faire une part belle aux successeurs qui *ont embrassé dans des formules générales et rigoureuses tous les rap-*

ports de la mécanique des cieux ! Que disons-nous ? ils ne se sont pas bornés à *embrasser dans ces formules générales tous les rapports de la mécanique des cieux ;* certains successeurs de Laplace ont voulu continuer l'œuvre que ce géomètre avait laissée inachevée, qu'il n'avait pu compléter. On a vu paraître des systèmes dans lesquels on a ramené tous les phénomènes de la physique, de la vie peut-être, à de simples attractions.

L'œuvre des successeurs de Laplace peut se résumer en un mot, dans *le calcul des perturbations,* c'est-à-dire des écarts ou des *anomalies apparentes,* si l'on suppose que tous les phénomènes sont régis par une force unique qui est présente partout. Cette recherche, comme on ne saurait trop le répéter, suppose essentiellement le mouvement elliptique comme point de départ, mais elle admet encore que tout trouble apporté est du fait de l'attraction. Les géomètres qui s'y livrent admettent fatalement que l'attraction, qui produit le mouvement principal, donne aussi naissance à toutes les irrégularités. L'attraction est érigée en force *agissant en toute rigueur* dans l'infini des cieux, à toute distance, suivant la règle unique de l'inverse carré des distances. Aucun frottement, aucune résistance, aucune force, électrique, magnétique ou autre, ne pouvant troubler son jeu.

Est-il besoin d'insister sur l'absurdité évidente d'un pareil postulatum professé, aujourd'hui avec la même autorité qu'avant les dernières découvertes en électricité? Quand on compare la multiplicité des effets irréductibles entre lesquels nous vivons, on est obligé de comprendre qu'il n'y a pas certainement de formule qui puisse expliquer l'énigme de la construction d'un monde infini, dans lequel nous ne connaîtrons jamais qu'un seul point. Mais ce n'est pas une raison de croire que notre raison nage en plein dans l'absurde; que notre entendement, vicié par un péché originel, est incapable d'arriver, sans être aidé par un miracle, à la découverte de la vérité. Toutes les fois qu'on signale un écart de l'ellipse, et c'est là la grande faute capitale, les astronomes orthodoxes y voient pour ainsi dire à l'avance l'œuvre de l'attraction d'une des planètes connues. Ils ne cherchent point ailleurs, ils seraient hérésiarques et pourraient retomber de proche en proche dans la doctrine excommuniée des tour· billons.

Quand de tels écarts se constatent, encore une fois le calculateur qui se respecte n'a plus qu'une ressource, c'est de les nommer *perturbations* et de leur faire subir, sans ménagement pour ses peines, le traitement analytique qui, suivant la formule académique, convient à des perturbations. C'est le calcul de ces *perturbations*, dues uniquement à l'attraction des *planètes* les unes sur les autres, qui a occupé près d'un siècle et demi de travaux et qui a conduit l'astronomie épuisée par tant d'efforts stériles au point où nous la voyons actuellement. M. Delaunay feint de ne s'apercevoir en aucune façon qu'il est temps de renoncer à la méthode factice, dont le triomphe était d'emprunter à l'observation le moindre nombre possible d'éléments. Il n'est pas moins affirmatif que Biot lui-même avait pu l'être vingt ans plus tôt, dans les articles qu'il insère à la suite de l'*Annuaire*

du Bureau des longitudes, au lieu même où
brillaient les notices d'Arago.

« Après un pareil succès (1), il n'était plus
possible de conserver le moindre doute au sujet
de la loi trouvée par Newton, c'était bien la loi
de la nature. Aussi cette loi de la gravitation
universelle devint-elle la base principale (2)
des perfectionnements ultérieurs de l'astronomie. Il ne fallait d'ailleurs rien *de* moins que
la confiance extrême qu'elle (cette loi) inspira
désormais aux savants, pour donner à plusieurs
d'entre eux le *courage* d'entreprendre les travaux immenses qui ont vu le jour *dans* le courant de ce siècle, et qui ont eu pour objet de
calculer *dans* les plus petits détails les effets de
cette gravitation universelle *dans* le mouvement des corps célestes. » Nous demandons
pardon à nos lecteurs de ce français peu gra-
cieux ; mais M. Delaunay n'a pas eu encore

_____

(1) La découverte de l'équation séculaire de la lune par
Laplace, laquelle découverte était pourtant *fausse* de 100/100,
d'après M. Delaunay !

(2) L'autre base, c'est l'observation, dont Laplace nous apprend qu'il faut faire aussi peu d'usage que possible.

à nourrir de candidature pour l'Académie française, et la *confiance extrême* dans l'infaillibilité de la rhétorique ne fait point partie de la foi philosophique du savant écrivain auquel nous empruntons ce morceau.

La distribution du système solaire en systèmes partiels très-éloignés les uns des autres, disent encore tout d'une voix Biot et M. Delaunay, est une circonstance qui favorise singulièrement le calcul des perturbations. Peu s'en faut que les académiciens français ne remercient la divine Providence d'avoir arrangé les choses d'une manière si commode pour l'intelligence humaine. Il oublie que Milton a déclaré que l'axe de rotation de la terre s'est incliné au moment où Adam a mangé le fruit défendu, et que l'auteur de la philosophie positive a indiqué cette circonstance comme un défaut dans le plan de la machine céleste, au moins quant à ce qui regarde notre monde. Heureusement, l'action des autres planètes altère extrêmement peu les orbes que le soleil fait décrire à chacune d'elles, sans cela Keppler n'aurait pu découvrir les lois nécessaires à

Newton! Par une compensation merveilleuse,
ces quantités, dont l'interprétation était bien au-
dessus de la *force* de Keppler, tombaient dans
les limites des erreurs d'observation. Si Keppler
avait eu à sa disposition des instruments aussi
complets que ceux de M. Yvon Villarceau, il
eût été brouillé dans ses calculs, et la vérité lui
aurait été voilée par une trop grande précision.
Quant aux orbites, Newton n'aurait pu les calculer, puisqu'il n'avait à sa disposition que le
calcul des fluxions, et qu'avec toutes les ressources du calcul infinitésimal, M. Delaunay,
en ce siècle de lumières, a tant de mal à s'en
tirer !

Admettons que la théorie de l'attraction universelle rende compte, avec une perfection
inouïe, des mouvements célestes; est-ce une
raison pour en conclure que *les corps sont réellement attirés par le soleil*, surtout quand on
professe une horreur philosophique des *causes
occultes*, quand on s'interdit toute spéculation,
toute hypothèse sur la nature des choses? En
aucune façon. M. Delaunay sent si bien où le
bât newtonien le blesse, qu'il s'écrie modeste-

ment : « L'idée de l'attraction (je le crois bien!) semblait donner à chaque corps un *rôle actif* dans la tendance de tout autre corps à se rapprocher de lui ! Mais Newton n'attribuait pas au mot d'*attraction* la signification absolue et littérale qu'il *semble* comporter ! » Le *semble* est admirable en effet. Car il en faut conclure que l'*attraction newtonienne* n'attire pas, mais semble attirer ! Pourquoi M. Delaunay fait-il cette étrange restriction? C'est qu'il ne veut pas que l'on raisonne sur la nature de la merveilleuse conception de Newton (quoiqu'elle soit la vraie loi de la nature, la seule et unique loi à l'aide de laquelle on peut tout expliquer) pas plus que les théologiens catholiques ne consentent à ce que l'on raisonne librement sur la nature de Dieu.

Quoi que puisse dire M. le président actuel de l'Académie des sciences, le mot *attraction* indique un effort réel pour résister à la *force* centrifuge dont, dans ses cours de mécanique, il fait un si merveilleux usage, ou bien elle n'indique rien du tout ; si elle n'agit efficacement, elle représente une idée fausse, creuse

comme un des grelots que les anciens met-
taient entre les mains de la Folie. Car l'*équivalence des forces naturelles* est une dangereuse
chimère, ou bien l'effort fait constamment par le
soleil pour attirer la terre doit être représenté
par une déperdition de faculté. Il faut que la
puissance attractive dépensée à chaque instant
soit à chaque instant régénérée par quelque
procédé qui nous est inconnu. Sans cela la pesanteur finirait par disparaître, comme de l'eau
renfermée dans un immense bassin qui trouve-
rait à chaque instant un écoulement. Quelque
faible qu'on la suppose, cette fuite parviendrait à
dessécher la puissance attractive; mécanique-
ment parlant, la matière se refroidirait.

Les partisans de l'astronomie de Ptolémée
plaçaient le moteur premier du monde céleste
au delà de la sphère de cristal, où ils croyaient
que toute la réalité se trouvait renfermée, au
centre de laquelle la terre reposait immobile,
dormant pour ainsi dire au centre de la création. Mais cette conception, dont les théologiens
infaillibles eux-mêmes ont été obligés de reconnaître la fausseté, n'avait rien de ridicule,

rien qui pêchât contre la raison. La tâche était
immense, dira-t-on ; mais c'était Dieu qui entretenait la rotation nécessaire au jeu de la nature par un effort permanent de sa volonté
supérieure! Qui donc aurait osé marquer des
bornes à la puissance de l'Être infini, du Père
de toute miséricorde et de toute vie! La rotation de la sphère était-elle plus difficile à comprendre que la merveille de la création, dont il
faut bien pourtant admettre la réalité.

Le mouvement diurne rappelait à chaque
instant, aux théologiens du moyen âge, la vigi-
lance du pouvoir conservateur du monde ; car,
s'il s'était endormi un seul instant, la création
devenait inutile, la vie universelle se trouvait
paralysée. Il était impossible de lever les yeux
vers les étoiles, sans adorer l'être qui jouait
avec les sphères roulant le long de leurs épicycles, avec moins de peine qu'un enfant lancerait
dans l'air quelques bulles de savon!!!

Au premier abord, on a pu croire que la
théorie de l'attraction délivre l'homme de tout
concours surhumain. Telle qu'on l'enseigne
dans nos écoles, elle semble détruire l'idée du

moteur tout-puissant, et s'il est permis de s'exprimer de la sorte, faire rentrer Dieu dans le néant. En effet, le monde marche tout seul dès que le premier branle est donné. Il y a si longtemps que la chose s'est faite, que l'on n'a pas besoin de s'en inquiéter. Comme la machine roule dans le vide, l'Éternel, s'il existe quelque part ; a bien pu s'endormir sur son œuvre, il n'a pas même pas besoin de graisser le tourillon de l'Ourse ni celui du pôle antarctique.

Cependant, si l'on examine plus sérieusement les choses, on voit sans peine que cette fantasmagorie mathématique est bien loi d'affranchir l'esprit humain de la notion du surnaturel. Bien au contraire, on pourrait dire qu'elle rapproche le surnaturel de nous, qu'elle l'oblige à s'asseoir à nos côtés.

Ce n'est plus assez de concevoir ce Dieu travailleur et modeste qui se tient discrètement au dehors du globe de la réalité, de cette sphère merveilleuse que, grand écureuil infini, il met en mouvement avec une régularité parfaite, éternel miracle que jamais ne réalisera le plus savant horloger ! Pour conserver les facultés essentielles de la nature, il ne suffit point de cette action mystérieuse qui s'exerce sur le seuil de l'empyrée ! car c'est dans chacune des particules de la matière que repose la puissance conservatrice du mouvement de cet immense automate qui se nomme l'univers entiers. Vainement M. Le Verrier a pu déclarer aux sénateurs bien pensants que la matière obéit d'elle-même aux lois que le Créateur lui a imprimées au commencement de l'éternité (1).

Il faut à toute force un Dieu à la mode de saint Paul et de Spinosa ; un Dieu dans le sein duquel l'athéisme est obligé de se mouvoir, de vivre, et peut-être aussi de penser. En effet, la loi de l'équivalence des forces naturelles prouve que l'attraction elle-même, puissance susceptible d'efforts, s'évanouirait, si elle n'était entretenue. Il faut donc admettre qu'elle soit renouvelée à tout instant, comme les théologiens, élèves d'Aristote, avaient compris que devait l'être la rotation de la sphère céleste. Insensi-

(1) Voyez son rapport sur la loi ouvrant un crédit de 50 000 francs pour observer l'éclipse d'août 1868.

blement la matière deviendrait inerte; son pouvoir s'endormirait, s'il n'était régénéré par une action surnaturelle analogue à celle du moteur premier, plus incompréhensible même, parce qu'elle est plus intime.

La théorie de l'équivalence des forces naturelles nous oblige à demander aux successeurs de Newton quelle est la valeur dynamique représentative de l'effort exercé constamment, même dans le vide, par l'attraction. Elle ne permet pas un seul instant, comme on persiste à l'enseigner à l'Académie, de considérer cette incompréhensible puissance comme une raison métaphysique qui suffise pour jouer le rôle de la puissance de Dieu dans l'ancienne théologie. Elle n'a aucune qualité logique qui nous permette de la transformer en une cause efficiente à laquelle notre intelligence consentirait à s'arrêter.

Qui donc, en effet, oserait soutenir que les astres n'exercent point un effort réel, mesurable, luttant contre la force centrifuge ; car les principes les plus simples de la mécanique nous enseignent que le soleil berger céleste, doit avoir

beaucoup de mal à retenir son indocile trou-
peau, à empêcher que la vitesse acquise n'en-
traînes es brebis et ses satellites; nous serions
tentés de dire et leurs agneaux!

Est-ce que notre conscience elle-même ne
nous dit pas qu'il existe dans la nature céleste
autre chose qu'un équilibre glacé? Heureux,
peut-être sont ceux qui peuvent se contenter
d'une aussi maigre réalité, qui aiment à contempler la grandeur d'un monde qu'ils font si
semblable au néant! Quant à nous, nous nous
plaisons à croire que les phénomènes célestes
sont identiques, quant à leur essence, à ceux
que nous contemplons autour de nous. Il nous
semble, si nous pouvions pénétrer dans ces
sphères, que nous retrouverions une harmonie
pareille à celle qui se trouve inscrite à chaque
pas de l'histoire des êtres vivants, de l'homme
aussi bien que de la plante, du génie le plus
robuste, de l'animal informe et du chef-d'œuvre
de la création. Pourquoi n'y aurait-il pas une
vie sidérale analogue à celle que les stoïciens
avaient devinée, réalisant des lois analogues
à celles dont nous avons aperçu les premiers

linéaments le jour où les phénomènes de la nu-
trition ont commencé à être compris.

Quoi, ce serait à la terre que se bornerait
l'étendue des axiomes de l'équivalence des forces
naturelles? Ce ne serait point dans les sphères
célestes qu'il faudrait chercher le couronnement de l'édifice dont la science moderne peut
maintenant entrevoir la base? Pourquoi ne
point continuer au-dessus de nous cette chaîne
qui doit rattacher les êtres les plus infimes aux
globes gigantesques que les premiers sages
adoraient comme des divinités!

Nous n'avons certes pas besoin de voir, dans
le flux et le reflux de l'Océan, la respiration de
la terre pour lui restituer une sorte de vie
propre. Tout en conservant à la lune et au soleil leur rôle dans ce phénomène, nous pouvons
sans doute admettre que notre globe est susceptible, aussi bien qu'un infusoire, d'avoir sa
personne physique. Il est vrai, ses parties et ses
organes nous échappent; mais, que sommes-nous
par rapport à la terre qui nous porte? Moins
sans doute que le plus infime parasite par rapport à l'être humain, moins que la fourmi pour

laquelle l'homme ne saurait exister ; car elle ne voit de notre organisme que des détails dont dont l'usage, fût-elle douée d'intelligence, lui échappe fatalement.

Les organes de la terre se dérobent à notre investigation, s'il est permis de s'exprimer ainsi, protégés contre notre curiosité par leur propre immensité. Il en est de même, pour une raison inverse, de la monade, qui est trop petite pour que nous puissions voir ce qui se passe dans son sein. Quel est pourtant le naturaliste qui considérerait comme un fou celui qui enseignerait que les monades sont des êtres organisés ! Il n'est donc point absurde de soutenir que, dans un certain sens au moins, les planètes peuvent être considérées comme des êtres animés, d'une vie transcendante dont la majeure partie des effets nous échappe, mais dont tous ne nous sont point inconnus. Ce serait sans doute au jeu de ces organes cachés que les corps célestes devraient la propriété de s'attirer, de régénérer peut être la composante que l'on a appelé force impulsive, mais qui ne saurait mériter un pareil nom. Mais, nous ne le cachons point, la difficulté est immense! Comment, en effet, faire comprendre à des esprits habitués au vide planétaire, à l'impulsion primitive, qu'il y a dans le vaste univers des êtres supérieurs à nous? Comment leur montrer que le but suprême de la nature naturante n'est pas de produire un Institut dirigé par un président qui sait dormir pendant des années entières sur d'indéchiffrables équations!

L'ESPRIT DE LA MÉCANIQUE CÉLESTE.

La *Mécanique céleste* est toute hérissée de formules qui en défendent les approches au vulgaire. On ne la manie qu'avec un respect superstitieux, pareil à celui qu'on éprouvait, au moyen âge, pour les saints Évangiles! Celui qui a acheté par plusieurs années de préparation le droit de pouvoir dire qu'il l'a lue, met généralement sur le compte de son peu d'intelligence les obscurités de style et de pensée. S'il ne comprend point, il fait son *meâ culpâ* mathématique, et s'écrie : « *C'est que je ne suis point assez intelligent ; c'est que ma raison n'a*

*point été épurée par une préparation suffi-
sante.*» S'il appartenait aux savants de la variété
catholique, il s'écrierait humblement : « Seigneur, Seigneur, donnez-moi la grâce de pouvoir entendre, tout en conservant intacte la foi
de nos pères, les œuvres de cet inextricable
génie, qui prétend que Dieu n'est qu'une inutile
hypothèse ! » Quelques adeptes qui ont conservé leur bon sens arrivent à saisir les défauts
de la cuirasse académique, mais ils emploient le
procédé des fils de Noé, qui recouvrirent pieu-
sement la nudité de leur père. Leur gloire sera
assez pure s'ils redressent quelques erreurs de
détail, comme les théologiens et les musulmans
lorsqu'ils ont écrit des volumes sur une phrase
obscure de la Vulgate ou du Coran ; s'ils ont
glosé pédantesquement sur quelques buissons de
la broussaille analytique.

Cicéron a dit de l'orateur que c'était le *vir
bonus dicendi peritus*, l'homme probe, habile à
faire de bons discours. On aurait dû toujours
comprendre que cette belle définition s'appliquait également au savant et surtout à l'astronome. Il semble, en effet, impossible d'ad-

mettre que l'homme qui fait des découvertes réelles et sérieuses dans la plus magnifique des études accessibles à l'esprit ne prenne pas en pitié les erreurs des hommes, la mesquinerie des combinaisons ambitieuses. N'ayant point la prétention d'analyser en quelques lignes l'œuvre, c'est donc l'auteur que nous allons présenter à nos lecteurs.

Pierre Simon Laplace, né d'une pauvre famille de paysans, ne comprenant pas, disent ses biographes, qu'il aurait pu se faire un titre de gloire de son obscure origine, chercha plutôt à la cacher. Parvenu jeune encore à l'Académie des sciences, à la suite de travaux analytiques qui avaient surtout le mérite d'arriver à point il joua dans toutes les péripéties de la politique un rôle qui indique combien il savait se retourner à temps.

Avant la chute du Directoire, on le vit républicain avec Lacépède ; dès le 18 brumaire, il se rangea du côté du soleil napoléonien avec une rapidité qui aurait dû paraître d'un mauvais augure à son nouveau maître. Voulant faire profiter son nouveau gouvernement de la répu-

tation qu'avaient donnée des recherches trop
sublimes pour qu'on pût les critiquer, et que
l'on admirait par conséquent de confiance,
Napoléon s'empressa d'attacher l'astronome au
nouveau cabinet en qualité de ministre de l'intérieur. Mais Laplace ne put rester longtemps
dans cette haute position, *parce qu'il portait,*
dit le prisonnier de Sainte-Hélène dans son *Mé-
morial, l'esprit des infiniment petits dans
toutes les parties de son administration.* Cette
définition de son caractère, indiquant le manque
de mesure et de bon sens dans la relation des
choses, est précisément ce que nous retrouve-
rons à chaque pas dans sa philosophie.

Lorsque la république fut transformée en
empire, Laplace se trouva naturellement un
des plus empressés. Membre du sénat conservateur, il reçut le titre de comte. Lorsque le
Concordat eut produit ses effets nécessaires, il
s'agit de renoncer au calendrier républicain que
Laplace avait célébré, et auquel, en qualité
d'astronome, il devait tenir plus que personne.
Ce fut Laplace qui eut le triste courage de rédiger le rapport à la suite duquel on revint au

mode imparfait de compter les temps, dont la Révolution avait débarrassé la France.

Cet homme, qui faisait dépendre la vérification des lois de la mécanique céleste de la date de quelques éclipses anciennes, ne craignit pas d'embrouiller la chronologie des âges futurs? Aurait-il procédé avec la même légèreté s'il avait été persuadé lui-même de l'infaillibilité de ces formules ambitieuses avec lesquelles il affichait la prétention de donner la clef du système du monde?

Comte de l'empire, il s'empressa de voter la déchéance de Napoléon. Marquis de la restauration, il aurait voté, sans doute, la condamnation de Polignac, si la mort, arrivant pendant le ministère Martignac, ne l'eût empêché d'offrir ses services à un nouveau soleil levant. Marat, devinant ses évolutions futures, l'avait déjà fustigé dans son pamphlet : les *Charlatans académiques*. Courier lui avait réservé quelques-unes de ses phrases les plus mordantes. C'est sans doute pour lui que Béranger a écrit ce vers :

Saute, marquis, saute pour tout le monde.

Louis XVIII ne l'a point épargné, et l'histoire
vaut la peine d'être racontée, car elle pourrait
servir à compléter ce que nous avons dit plus
haut sur l'influence que les ignorants peuvent
posséder en matière de science.

Un jour que le roi avait réception, le marquis
de Laplace, pair de France, décoré de tous les
ordres possibles, se trouvait parmi les courtisans
les plus empressés. « Marquis, lui dit négligem-
ment Louis XVIII, qui était un des hommes les
plus spirituels de son royaume, vous qui con-
naissez si bien les astres, pouvez-vous me dire
ce que c'est que la lune rousse? » Laplace, qui
n'avait jamais entendu parler que d'une lune,
et qui était fort timide en face des grands de la
terre, balbutia quelques paroles inintelligibles et
devint rouge jusqu'aux oreilles. Le roi tourna
les talons en riant, et laissa le pauvre marquis
en proie à la consternation la plus profonde.

Tant bien que mal, Laplace revint à l'Observatoire, où Arago faisait alors les expériences
sur le magnétisme qui devaient rendre son nom
immortel. Il confia, en pleurant presque, au
jeune astronome, le sujet de son désespoir.

Mais, pas plus que Laplace, Arago, c'est lui-même qui le raconte dans ses *Mémoires*, ne savait ce que c'était que la lune rousse. Cependant, mieux avisé que l'auteur de la *Mécanique céleste*, le futur directeur de l'Observatoire eut l'idée de consulter les employés du Jardin des plantes. Ces ouvriers lui apprirent que l'on appelait *rousse* la lune commençant en avril et finissant en mai, dans laquelle ont lieu des froids qui roussissent les bourgeons des arbres encore tendres, toutes les fois qu'elle se montre. Ce renseignement suffit à Arago pour trouver la théorie d'un fait de météorologie dont l'auteur de la *Mécanique céleste* ne s'occupa plus. Que lui importait de découvrir la solution d'un des problèmes les plus intéressants de la physique, puisque la curiosité du roi son maître n'avait pu être satisfaite?

Empruntons à Biot lui-même, un des protégés et des admirateurs de Laplace, le récit des funérailles de l'homme que les contemporains avaient pu inscrire sans injustice dans le *Dictionnaire des girouettes*.

Laplace, au moment de sa mort, habitait à

Arcueil, dans une délicieuse maison qu'il avait achetée en 1806, deux ans après que l'empereur Napoléon Ier l'eut élevé aux premières dignités du sénat, et où il recevait jadis les visites de Berthollet. Une porte de communication avait été pratiquée dans le mur mitoyen pour faciliter ces amicales réunions dont le souvenir a été conservé dans les annales de l'histoire scientifique du premier empire français.

Le maladie qui emporta le défunt avait été assez courte. Laplace était mort d'une fluxion de poitrine attrapée pendant qu'il se rendait à pied à la chambre des pairs, habitude qu'il avait contractée pendant que feu le sénat vivait encore. La réunion était nombreuse, mais les collègues de l'Institut étaient rares. On attendait Fourier, le secrétaire perpétuel de l'Académie des sciences pour les mathématiques, dont le roi avait une première fois refusé de confirmer la nomination, et qui avait conservé une attitude patriotique. Fourier ne vint pas. Une lettre apprit qu'une indisposition subite l'empêchait de prononcer l'oraison funèbre que l'on attendait sur la tombe du défunt. Il fallut

que le fils de Laplace priât M. Biot, un des
jeunes membres de l'Académie, de s'acquitter
de ce soin. Biot se retira dans un cabinet et
rédigea à la hâte le discours qui se trouve in-
séré, et dans ses *Mélanges*, et dans le *Moniteur
des temps*.

Biot, ajoutons-le, s'était fait remarquer dès
son jeune âge par ses instincts royalistes. En
effet, Arago nous apprend quelque part que
Biot s'était sauvé de l'École polytechnique avec
quelques camarades pour se joindre aux sec-
tions marchant contre la Convention nationale,
celles que le général Bonaparte, alors au début
de sa carrière, mitrailla sur les marches de
l'église Saint-Roch! Il était naturel que l'in-
surgé royaliste trouvât des phrases de regret
au service du marquis de la restauration! On
ne sera point étonné, nous le pensons, de reconnaître que de vaines et ambitieuses formules
aient satisfait cet esprit vain et ambitieux dans
la vie politique; n'est-il pas naturel que nous
retrouvions la même incertitude dans les con-
victions scientifiques du célèbre marquis; car,
enfin, on peut bien dire de l'analyste ce que

Buffon a dit de l'auteur en général : « L'homme, c'est l'équation ! »

La preuve la plus singulière que nous puissions donner de ces vacillations, c'est l'étrange chapitre dans lequel Laplace examine la perte de masse que le soleil doit éprouver à la suite du rayonnement calorifique et lumineux. Ce chapitre est basé sur la théorie de l'émission, que Laplace a l'air de prendre au sérieux aussi bien que l'empire, quand il allait saluer l'empereur Napoléon Iᵉʳ. Mais, vers les dernières pages, il se ravise, et songeant que le sage anglais pouvait bien avoir, au moins en physique, son Waterloo, il donne pour ses équations une interprétation qui s'adapte à la théorie des ondulations. Dans la première partie de ce chapitre, dont ses apologistes ne parlent point, il est en quelque sorte révolutionnaire ; mais, dans la seconde, il se montre marquis.

Après avoir fait connaître le prophète, nous voudrions faire connaître l'Évangile en détail, mais ce travail demanderait un livre entier.

Dans son introduction au calcul des probabilités, publiée à la suite des séances des éco-

les normales, où il fut appelé en 1795 par un
décret spécial de la Convention nationale, Laplace se montra d'un fatalisme absolu. La volonté la plus libre, dit-il, ne peut agir sans motif
déterminant, sans cela *elle serait un effet sans
cause*. Puis il s'écrie que l'état présent de l'univers doit être considéré, en vertu de ce principe, comme l'effet de son état antérieur et la
cause de celui qui va suivre. Une intelligence
qui, pour un instant donné, connaîtrait toutes
les forces de la nature et la situation respective
des êtres qui la composent, embrasserait dans
la même formule les mouvements des plus
grands corps de l'univers, ainsi que ceux du
plus léger atome.

S'il était donc vrai, comme le dit Platon, que
Dieu géométrise, aurait pu ajouter Laplace, s'il
s'était inquiété jamais de ce que Platon a pu
dire, cette géométrie divine permettrait à l'émi-
nent calculateur de trouver les équations du
mouvement de tous les corps et même des corps
vivants. En réalité, c'est cette méthode divine
que Laplace cherche à adapter au calcul des
mouvements célestes. Braquez une lunette,

s'écrie avec orgueil un élève de Laplace, à l'avance dans une direction quelconque au milieu des étoiles, vous pourrez dire à l'avance quel est l'astre qui viendra s'y montrer au bout d'un nombre quelconque d'années. Voyez le fil d'araignée qui sert à prendre les mesures angulaires. Eh bien, ce fil recouvre, dans son épaisseur, l'exactitude de nos théories !

Il n'y a point d'exagération à dire que la *Mécanique céleste* est le livre sacré de nos astronomes, la Bible par laquelle ils jurent. Le progrès de la philosophie de la nature ayant quelque peu ébranlé ce dogmatisme sec, faux et incomplet sous lequel nous sommes écrasés, les membres du Bureau des longitudes ont senti la nécessité de résister au mouvement qui menaçait d'ébranler les bases mêmes de leur domination intellectuelle. Qu'ont-ils fait ? Ils ont réimprimé solennellement en tête de leur *Annuaire*, comme manifeste et profession de foi, le couronnement de la *Mécanique céleste*, la cosmogonie par laquelle Laplace croit rendre compte de la merveille des merveilles, de la création du monde ! Ils ont cloué leur pavillon

à leur mât d'artimon académique. Aux cris de :
Vive la république ! sombra le vaisseau *le Ven-
geur !* Une loi votée par la chambre des dé-
putés, sous le règne de Louis-Philippe, de par-
cimonieuse mémoire, décida qu'une édition nationale des œuvres de Laplace serait faite aux
dépens du trésor public. Arago, plus juste,
plus équitable, voulait la réimpression des
œuvres des grands géomètres que Laplace
n'avait fait que compléter, auxquels il n'avait
même ajouté, disons-le bien, que quelques
équations d'un mérite plus que secondaire.
Laplace seul eut cet honneur, et Lagrange dut
attendre que le ministre du second empire lui
fît rendre une justice tardive. Quant à Clairaut et à Dalembert, ils auront à se pourvoir
ailleurs !

Chaque année, la gloire de Laplace est ra-
jeunie par une touchante cérémonie qui a lieu
dans la séance solennelle de notre Académie.
Le premier élève sortant de l'École polytechnique reçoit des mains du président de l'Institut
un magnifique exemplaire des *OEuvres complètes*
de Laplace, splendidement relié. Ce don est

fait en vertu d'un pieux legs de Mme la mar-
quise de Laplace, que le ministre de l'intérieur du temps s'est empressé d'accepter avec
beaucoup d'éloges. *Laplace pour toujours*,
voilà quel est le cri de guerre de nos académiciens; car Newton a un peu disparu, en vertu
du grand principe qui fait que Jésus a un peu
fait oublier les prophètes qui l'ont précédé, et
que Mahomet, pour les musulmans, a fait
perdre la mémoire de Moïse et du prophète
Élie.

Les applaudissements de l'assistance ne
manquent jamais de se faire entendre quand un
jeune homme de noir habillé, le front couvert
d'une modeste rougeur, vient recevoir un don
si chèrement acheté par tant d'années d'un pré-
coce labeur.

On chasserait avec indignation et on logerait
peut-être à Charenton, avec les fous attachés à
la chaîne, un auditeur des tribunes qui s'é-
crierait : « Malheureux ! que venez-vous donc
de faire ? Vous ne voyez pas que vous avez remis
à ce jeune homme un *livre mort* tout chargé de
formules mortes, dont déjà, pour son malheur,

il n'a que trop surchargé sa mémoire, et qu
l'empêcheront de comprendre la vraie philosophie de la nature?

Avant d'aller plus loin, nous croyons nécessaire de faire remarquer que nous n'avons pas
le moins du monde la pensée de nous élever
contre les recherches analytiques dont les géomètres du siècle dernier, les quatre Bernouilli,
Lagrange, Euler, ont doté la science, à cause
de l'étude de la théorie de l'attraction. Mais si
l'attraction est bonne, pas trop n'en faut; c'est
ce que les grands géomètres dont nous venons
d'écrire les noms avec respect ont eu la gloire
de comprendre, tandis que les successeurs en
ont mis partout. Ils auraient fini par tout expliquer à l'aide de cette hypothèse, qui leur a
paru tellement naturelle, qu'ils ont fini par lui
retirer pour ainsi dire jusqu'au nom d'hypothèse!
Les travaux analytiques peuvent avoir une valeur indépendante de l'objet auquel ils s'appli-
quent : tel est le cas de ces grands géomètres, qui
seront grands quand même la théorie de l'attraction serait absolument rejetée. Tandis qu'il ne
restera rien de ces esprits d'un autre ordre qui,

n'auraient le droit de se considérer comme des Newton et des Keppler, que s'il était malheureusement vrai que le génie ne soit qu'une longue patience. Du reste, la plupart des géomètres que nous avons nommés n'étaient que des newtoniens très-modérés, moins que modérés même. Ce n'est point en réalité leur faute si l'attraction a triomphé des tourbillons auxquels ils auraient bien voulu faire une place dans la science. Enfin, si toute la partie de leurs travaux relative aux théories astronomiques disparaissait, il resterait encore de merveilleuses découvertes pour immortaliser leur nom, tandis que Laplace serait bien pauvre en dehors de la mécanique céleste.

Les philosophes du siècle dernier qui, comme Voltaire, ont défendu l'attraction, s'en faisaient une arme contre l'ignorance et la superstition. Résolus à affranchir le monde, à repousser les croyances imposées au nom d'une révélation dont ils ne voulaient point, ils se croyaient obligés de remplacer les dogmes qu'ils détruisaient par des croyances scientifiques qui ne soient pas moins certaines. En présentant au vulgaire une explication rationnelle dont les prêtres ne voulussent point, ils étaient obligés d'élaguer, de nier ce qui gênait les théories artificielles dans lesquelles leur raison s'emprisonnait pour défendre les droits de l'humanité! Pour résister à la théorie des miracles, il fallait jeter à la face du public des montagnes d'affirmations audacieuses.

Mais leurs descendants, leurs élèves, que l'on voit manger tranquillement à la même table que la papauté, les serviteurs des serviteurs des prêtres, ces indolents académiciens qui verraient rouer, brûler ou pendre mille chevaliers Labarre et mille Calas sans lâcher un cri d'indignation, ces pédants algébristes pour qui il n'y a pas de Bastille, ces savants de cour et d'église qui vont faire parade de leurs équations devant tous les grands de ce monde n'ont point à invoquer les mêmes raisons, et n'ont aucun droit à l'indulgence des penseurs. Ceux-là doivent être démasqués d'une main vigoureuse, et chaque bout d'oreille qui passe par dessous leur bonnet de docteur doit être impitoyablement tiré, afin que les moins attentifs soient obligés de s'en apercevoir.

EXAMEN D'UN CHAPITRE DE L'EXPOSITION DU SYSTÈME DU MONDE.

Si nous ne craignions de sortir des bornes d'un simple opuscule, nous suivrions pas à pas l'auteur de la *Mécanique céleste* dans le résumé intelligible qu'il a cru devoir faire de son grand ouvrage. Nous n'aurions point eu beaucoup de peine à mettre en évidence les défauts de logique qui fourmillent dans le *Code des Lois du ciel :* car c'est le nom providentiellement ambitieux que l'on a donné à ce livre ! Comme s'il appartenait à l'intelligence humaine de condenser en une formule la loi fondamentale de l'univers, de cet ensemble infini, éternel, dont nous n'apercevons qu'un point imperceptible ! Que sont en effet nos nébuleuses devant l'infini, devant l'éternité elle-même ? Combien Shakespeare était plus grand astronome, quand, devinant Laplace plus d'un siècle avant sa naissance, il répondait par anticipation à lui et à

ses pareils : « Il y a plus de choses sous le ciel
et sur la terre qu'on ne le croit dans votre philosophie. »

Mais précisément parce que nous ne pouvons
nous livrer à une analyse systématique, nous
sommes obligé de trouver quelque partie assez
saillante, pour justifier nos critiques, pour nous
défendre pour ainsi dire nous-même. Ne pourrait-on point nous accuser, nouvel Erostrate au
petit pied, de rechercher quelque réputation en
livrant aux rieurs incompétents un monument
mathématique plus parfait que le temple de
Diane, à Éphèse ?

Nous nous arrêterons quelques instants à discuter le chapitre dans lequel l'auteur cherche à
déterminer la figure de la terre. Peut-être aurions-nous pu mieux choisir encore, mais il
nous a semblé préférable de nous adresser à un
passage dont l'objet cesse d'être essentiellement inaccessible à nos moyens directs de mesure. En effet, si la courbe se dérobe à nos recherches, ce n'est que par la grandeur et non
plus à la fois par la grandeur et par la distance : car on peut dire que dans ce cas l'astro-

nomie idéale a pris pour ainsi dire un corps.

Laplace commence par raisonner comme s'il avait prouvé que les planètes ont été primitivement fluides, ce qu'il a omis de faire ; aucun de ses raisonnements ne convient au cas également admissible où ces corps célestes seraient des conglomérats d'étoiles filantes. Personne, à son époque, n'aurait osé concevoir une pareille hypothèse, dont aucun astronome de notre temps ne peut faire abstraction dans ses rêveries sur la nature des choses. Il suppose que la forme actuelle de la terre est celle qu'une masse liquide a dû prendre en tournant autour de son centre de gravité et qui a été conservée lorsque ce solide s'est figé dans les espaces planétaires. Mais, même avec le grand nombre d'hypothèses préparatoires, nécessaire à accepter pour mettre en mouvement ses équations, Laplace n'est pas au bout de ses peines, car il fait remarquer que la loi de la gravité dépend de la figure et que la loi de la figure dépend de celle de la gravité. Cette dépendance mutuelle de deux quantités inconnues rend très-difficile la recherche de la forme définitive, dit-il avec une grande fran-

chise. Il aurait peut-être dit impossible, s'il
avait mieux réfléchi que *le fait de l'existence
de cette liaison mutuelle démontre* que les
deux quantités *dépendent l'une et l'autre d'un
ordre supérieur de réalités*, et que pour les
déterminer *l'une et l'autre*, il faudrait connaître
à priori les lois qui régissent cet *ordre supérieur*.

Laplace ne se préoccupe point de tout cela,
car il se tire de cet embarras par un subterfuge
auquel il a eu tant de fois recours, qu'il ne saurait craindre d'en faire une fois de plus usage.
Il cherche, par des considérations n'ayant aucun
rapport direct ou indirect, logique ou physique,
avec le problème dont il s'occupe, une forme
simple qui réponde aux *conditions d'équilibre
d'une masse fluide tournant autour de son
centre de gravité*, et il trouve que la forme elliptique est, dans ce cas. « Heureusement », dit-il,
la figure elliptique la plus simple de toutes après
la sphère satisfait! Le voilà alors qui enfourche
l'ellipse, ce que Newton a fait avant lui. Il
n'a point le mérite de l'invention. Newton a de
plus admis l'homogénéité de la terre, ce qui

simplifiait les équations dont il se servait. Laplace ne peut le faire, en présence des recherches effectuées sur le pendule, qui montrent que
l'accroissement à une latitude de 60 degrés n'est
point celle qui résulterait de l'hypothèse de
l'homogénéité : car les explorateurs, ce n'est
point leur faute, rapportent quelquefois des
observations qui embarrassent grandement les
papes infaillibles de l'église académique ; aussi
le premier mouvement, le seul bon peut-être,
doit être de se défier de l'expérience, et de ne
jamais, si l'on peut s'en défendre, encourager
les voyageurs. Heureusement, Clairault (il y a
un Dieu pour les newtoniens) a démontré que
l'équilibre est encore possible, en supposant que
la mer recouvre une série de couches toutes
elliptiques semblables, et de densité croissante
à mesure qu'on s'approche du centre.

Cette seconde hypothèse ne paraissant pas
démontrée par l'expérience, M. de Laplace l'ac-
cepte immédiatement avec l'empressement qui
le distingue et déclare qu'elle est conforme à
la nature des choses. Cependant, qui nous dit
que les couches sont de densité croissante?

Pourquoi la terre ne serait-elle pas creuse comme l'ont admis quelques physiciens? Pourquoi l'augmentation moyenne des densités ne serait-elle point arrêtée à une certaine limite, comme nous le voyons dans les fruits, dont l'écorce est plus dure que le cœur? Que savons-nous si nous n'habitons point sur la peau d'un globe, en quelque sorte organisé, dont les qualités et les fonctions bien autrement transcendantes que les équations de M. de Laplace, nous surpassent tellement qu'elles dépassent la portée de notre raison, la compétence de notre intelligence.

En tout cas, peu nous importe, attendons pour parler de l'intérieur de la terre, qu'un savant soit parvenu à faire l'anatomie de notre globe, ou au moins qu'Empédocle soit venu rechercher les sandales d'airain qu'il a laissées sur le bord du cratère de l'Etna.

N'est-ce pas le comble de l'absurdité que de faire dépendre une figure que nous pourrions mesurer, si nous en prenions la peine, d'un élément qui nous sera peut-être éternellement caché, la densité des couches intérieures ! Mais une hypothèse comme celle de Newton ou même celle de Clairaut est bien vite faite, tandis qu'il faut longtemps pour arriver au pôle de la terre. Qu'irait-on faire du reste, et pourquoi encouragerait-on les tentatives de M. Lambert? A quoi servirait-il d'y porter la pendule qui bat la seconde? Est-ce que Laplace, sans sortir de son cabinet, ne nous a pas indiqué la longueur qu'il doit y avoir?

Quant à l'homogénéité des couches elliptiques concentriques, il paraît bien plus difficile encore de les admettre : car celle que nous voyons, la superficielle, ne l'est guère. On peut même dire que la répartition des terres et des eaux pourrait bien ne point avoir été aussi arbitraire que M. de Laplace tend à le croire. Si nous voulions nous mêler de rêver, de faire de la poésie géographique, nous irions plus loin. Nous dirions qu'il y a dans la forme articulée des continents, dans la position et dans l'angle de leurs pointes, dans l'orientation des fleuves et la forme des chaînes de montagnes, une harmonie divine, écho de celle que Keppler entendait résonner dans les célestes sphères.

7.

D'où viendrait en effet l'émotion que nous éprouvons en présence des paysages, si nous ne sentions au-dessus de nous quelque chose que nous ne voyons pas, mais qui nous domine et nous entraîne? Mais revenons à l'*Exposition du système du monde.*

De toutes les hypothèses qu'il a choisies définitivement, M. de Laplace tire l'idée que les degrés des méridiens diminuent comme le carré du cosinus de la latitude. Il prouve que cette loi fameuse dans la science s'applique en sens inverse aux rayons terrestres et à la pesanteur. Il démontre de plus que l'ellipticité (s'il y en a une) peut être déterminée soit à l'aide de la diminution des degrés, quand on passe du pôle à l'équateur, soit à l'aide de l'accroissement de la pesanteur. Enfin, il conclut, toujours sous l'empire des hypothèses précédentes, que l'aplatissement est de $\frac{1}{304}$. Alors il dit : « Si l'hypothèse d'une figure elliptique est dans la nature, l'aplatissement précédent doit satisfaire aux mesures des degrés. *Mais il suppose, au contraire, des erreurs considérables*, et cela *joint à la difficulté d'assujettir toutes les me-*

sures prises au même méridien semble indiquer une figure de la terre plus compliquée
qu'on ne l'avait cru d'abord. » Voilà sans doute
une idée qui va embarrasser singulièrement
notre astronome. Détrompez-vous, M. de Laplace est de bonne composition, car il dit très-
philosophiquement : « Ce résultat ne paraîtra
point étonnant si l'on considère l'irrégularité
de la profondeur des mers, l'élévation des
continents et des îles au-dessus de leur niveau,
la hauteur des montagnes et l'inégale densité
des eaux ainsi que des diverses substances qui
sont à la surface de la planète ! »

Comme on le voit, la prétendue démonstration est ruinée de fond en comble avant pour
ainsi dire d'être achevée par celui qui a commencé par élever un échafaudage composé de
tant de conceptions et d'hypothèses qui seraient
gratuites, si elles n'avaient ouvert la porte de
tous les honneurs. On ne sait rien que par
l'expérience que la terre semble aplatie, la
détermination de sa forme est un magnifique
problème dans lequel les équations n'ont d'autre
part que pour la rédaction des observations,

leur comparaison avec des ellipses, cercles ou courbes quelconques, arbitraires ou susceptibles de définition mathématique. Qui sait si la terre n'a point la forme d'un œuf, avons-nous dit comme les brahmines l'avaient peut-être deviné? En effet, certaines observations peuvent faire croire que les deux hémisphères sont loin d'être semblables l'un à l'autre. Que de voyages seront nécessaires pour terminer ce que M. de Laplace voulait faire seul et sans sortir de son observatoire! que de mesures s'exécuteront peut-être, comme les grands travaux de l'union géodésique, sans que la France contemporaine, comptant sur la mécanique céleste, comprenne la nécessité d'y prendre part!

Après le *Confiteor* précédent, Laplace déclare que pour embrasser avec plus de généralités la théorie de la figure de la terre et des planètes, il *fallait* déterminer l'attraction des sphéroïdes peu différents de la sphère, formés de couches variables, de figure et de densité quelconques. D'Alembert, dit-il, a donné pour cet objet une méthode ingénieuse, mais elle manque de cette simplicité si désirable.

(Elle paraît compliquée à M. de Laplace. Bonté divine, que doit-elle donc être?) (1) Alors il explique qu'il a présenté un moyen détourné, comme toujours, d'arriver à la solution de ce problème d'analyse ultra-transcendante. C'est une équation différentielle *qu'il n'a pu inté-grer*, comme presque toujours, mais qui est très-remarquable. Nous voulons bien admettre que Laplace a raison cette fois, mais ce qui est plus remarquable encore que sa mystérieuse équation irrésoluble, c'est le but auquel il ar-rive par cette porte d'ébène ! Ce tour de force d'analyse est exécuté afin de dispenser *de me-surer ce qui est à notre portée*. Il remplace les triangulations géodésiques par des recherches

---

(1) Laplace reconnaît qu'on doit analyser, « pour que ces équations puissent convenir que les planètes sont recouvertes, comme la terre, d'un fluide en équilibre, *autrement leur fi-gure serait arbitraire* » ! Voilà la vérité vraie qui lui échappe, avec la théorie des étoiles filantes, ou tout autre que celle du refroidissement progressif : tout s'évanouit ; n'est-ce pas là le cas de dire :

> Et leur puissance, sujette à l'instabilité,
> En moins de rien tombe à terre ;
> Et comme elle a l'éclat du verre,
> Elle en a la fragilité !

astronomiques. C'est dans la lune qu'il veut voir ce qui se passe sur la terre. Il ramène, par des considérations que nous examinerons ultérieurement, la détermination des méridiens à l'*observation de la partie des inégalités des mouvements lunaires* QUI TIENT A LA FIGURE DE LA TERRE EN VERTU DE L'ATTRACTION, mais qui cesse d'y tenir si l'attraction est une chimère, ou si elle varie en vertu d'une loi autre que celle de l'inverse carré!

La manie des hypothèses est si grande que Laplace en fait pour son plaisir, au moins dont il pourrait peut-être se passer à la rigueur.

« La mer doit être peu profonde parce qu'elle *laisse à découvert de vastes continents!* Sa profondeur est du même ordre que celle de la hauteur des continents et des îles! » Rien n'autorise à affirmer qu'il n'y a pas, dans l'Océan Pacifique, de vastes entonnoirs dont le plomb de nos sondes ne saurait atteindre le fond. Les eaux ont reflué sur un hémisphère, pourquoi leur profondeur ne serait-elle point immense du côté des antipodes où elles n'ont point sans doute été accumulées par un pur hasard ?

Quel disciple de Laplace possède une raison
plausible pour démontrer au nom de l'attraction que la circulation du gulf stream n'est
point produite par des phénomènes intestins
liés aux tremblements de terre, à la création
des volcans? A-t-il un argument, un seul qui
nous empêche de croire, si tel est notre bon
plaisir, que la surface des mers n'est pas en
communication par ces immenses fleuves d'eaux
chaudes avec des cavités intimes, situées loin
de la vue de la science humaine, et où s'ac-
complissent mystérieusement des réactions inconnues.

Le nombre des suppositions logiquement ad-
missibles est infini. En réalité, il faut avoir la
main malheureuse pour tomber sur celle que
M. de Laplace a trouvée et que nous copions
textuellement. « De même que de hautes montagnes recouvrent quelques parties du continent, il peut y avoir de grandes cavités dans
le bassin des mers. Cependant il est naturel
de supposer que leur profondeur est plus petite
que l'élévation des hautes montagnes. *Les dé-
pôts des fleuves et les dépouilles des animaux*

*marins entraînés par les courants doivent, à la
longue, finir par les combler !* »

Est-ce que tous les jours nous ne voyons pas
poindre des rochers qui tendent à surgir du
dernier fond des océans ? Est-ce que les forces
volcaniques du globe ne luttent point avec une
infatigable énergie contre l'érosion des montagnes, c'est-à-dire contre la seule force dont
M. Laplace tienne compte !

Faut-il donc qu'une révolution géologique
fasse disparaître quelque altantide pour lui prouver que son horoscope lu dans quelque équation
indéchiffrable est encore moins sûr que celui
les astrologues auraient pu lire dans les astres !
Il serait plus raisonnable peut-être, moins absurde certainement, d'attendre la destruction
de notre globe le jour où tous les corps célestes
se trouveront rassemblés dans le signe des
Poissons ! Comment l'auteur de la mécanique
céleste a-t-il pu oublier qu'il a placé dans le
centre de la terre une épouvantable fournaise,
que la croûte solide n'a pas l'épaisseur relative
de l'enveloppe d'un fruit, que l'intérieur de ce
fruit étrange est rempli de matière chargée

d'une telle quantité de chaleur, que notre globe porte en son sein un germe de destruction, n'est autre qu'un lambeau du chaos. C'est Olbers, le savant et logique observateur qui a tiré la conséquence inévitable de la théorie de Laplace, en cherchant dans le ciel les éclats d'une planète réduite en poudre, comme le sera certainement un jour prochain la nôtre, si Laplace a raison.

LA DÉTERMINATION DE L'APLATISSEMENT DE LA TERRE.

L'honneur d'avoir institué des mesures directes pour déterminer la figure de la terre appartient, comme on le sait, aux anciens géomètres, et fut renouvelé par les Arabes du temps du calife Almamoun, dans les plaines de la Mésopotamie. Mais c'est l'Académie des sciences de Paris qui a eu la gloire d'inaugurer celles qui ont été exécutées dans les temps les plus modernes avec des moyens très-perfectionnés. Ces mesures donnèrent lieu à des difficultés et à des méprises trop instructives pour que nous les passions sous silence. La première mesure connue est celle de Fernel, médecin et mathématicien du XVIᵉ siècle, qui procéda de la manière simple et naturelle, c'est-à-dire en comptant le nombre de tours de roue de sa voiture, jusqu'à ce qu'il eût gagné un degré en marchant vers le pôle. Résultat remarquable, ce degré paraît beaucoup plus exact que ceux qui ont été déduits d'opérations compliquées, dans lesquelles les astronomes ont rencontré tant de désappointements. En effet, Snelius, géomètre batave, qui voulut employer la triangulation pour déterminer un arc de méridien, trouva une longueur beaucoup trop petite, ce que Picard n'eut pas de peine à mettre en évidence. Un autre astronome qui, dans le même temps, employa une méthode encore plus compliquée que celle de Snelius, commit une erreur que l'on ne pourrait évaluer à moins du double.

C'est à la suite de ces premières tentatives que Richer fit un long voyage à Cayenne; cet astronome étudia, comme on le sait, la durée de l'oscillation du pendule, et, la trouvant moindre,

déclara que la terre était aplatie vers les
pôles. Ce fait fut confirmé en même temps
par Huyghens et par Newton, qui y trouvèrent
la preuve de leur théorie de la terre fluide.

Alors on décida d'opérer une triangulation
générale de la France d'après le conseil de
Picard, que la mort enleva à la science au moment décisif où l'on allait mettre son conseil à
exécution. On partagea les astronomes en deux
brigades, les uns sous la conduite de Cassini
marchant vers le sud, et les autres sous celle
de Lahire se dirigeant vers le nord ; les uns et
les autres prenant des mesures angulaires afin
de déterminer la longueur de la méridienne à
l'aide d'une opération géodésique connue sous
le nom de triangulation.

On trouva à l'aide de tous ces travaux fort
pénibles que le degré en descendant du pôle
vers l'équateur allait en diminuant. Mais comme
les idées de Newton avaient pris le dessus, on
crut pouvoir en conclure que la terre était
aplatie vers les pôles. Quand les savants commissaires reprirent possession de leur fauteuil,
ils se flattèrent d'avoir remporté une grande

victoire en l'honneur des nouveaux principes.
On les félicita de les avoir établis sur des bases
inébranlables.

Malheureusement un certain Roubaix de Tur-
coin montra dans une dissertation particulière,
imprimée à Leyde vers 1719, sur la forme du
globe de la terre, que les académiciens s'étaient
trop hâtés de proclamer le triomphe de l'illustre
Anglais : car la conclusion des mesures qu'ils
venaient de prendre était contraire aux idées
de Huyghens et de Newton. Au lieu d'être
aplatie, la terre se trouvait tout d'un coup
allongée ! Étrange révolution dans l'opinion
scientifique, qui, elle aussi, est exposée à avoir
de grandes réactions. Jean Bernouilli, qui n'avait
point accepté la doctrine newtonienne, s'empressa, comme il en avait le droit, de faire valoir
cet allongement, en faveur de la théorie des
tourbillons dans un *Discours sur la physique
céleste*, fort bien fait du reste et fort intéressant
de tous points ! D'Anville, le célèbre géographe,
venant en aide à l'illustre mathématicien, re-
cueillit toutes les preuves qu'il pouvait donner,
en dehors de preuves directes pour appuyer

les mesures de Cassini. Un schisme dangereux menaça de séparer la science française de la science anglaise. C'est cet incident caractéristique qui fit dire plus tard, à Biot, newtonien outré, que l'arrivée de ces Cassini avait été ca-mité pour l'astronomie nationale. On avait failli repousser la théorie de Newton, acceptant devant l'histoire la responsabilité des mauvaises mesures effectuées par ces étrangers.

Mais les Anglais déclarèrent hautement que les Français avaient mal mesuré leurs arcs de méridien, que la distance des points observés était trop faible pour que l'on pût du reste admettre leur conclusion. Après avoir accepté avec enthousiasme les degrés de Cassini tant qu'ils confirmaient la théorie de Newton, ils n'en voulurent plus du tout entendre parler dès qu'on vit qu'ils blessaient leur foi raisonnée dans l'infaillibilité de l'attraction.

Pour mettre un terme à ces doutes cruels, on aurait bien voulu mesurer un arc du méridien de Paris, suivant une latitude plus élevée. Mais des raisons géographiques s'y opposent, puisque, en suivant le méridien de Paris vers le

Nord, on ne tarde point à rencontrer une mer où il n'y a pas moyen de faire de triangulation.

Il fallut donc se contenter de déterminer des arcs de parallèle, et ces arcs de parallèle donnèrent raison à Cassini, c'est-à-dire à la terre allongée malgré Huyghens et malgré Newton.

C'est dans de pareilles circonstances qu'après dix-sept ans de discussions, de tentatives et d'incertitudes on prit la résolution d'envoyer des académiciens au Pérou. C'est évidemment par là qu'on aurait dû commencer, et qu'on aurait commencé, si l'on avait eu plus de confiance dans l'étude directe de la nature, et moins dans la métaphysique de l'algèbre et des infiniment petits. Bouguer et la Condamine quittèrent la Rochelle le 16 mai 1735, on peut dire sans exagération portant avec eux l'astronomie et sa fortune. De leur mission dépendait le choix de la science officielle entre deux théories opposées. Pendant que Bouguer, La Condamine et leurs aides s'acheminaient vers l'équateur, les discussions continuaient à l'Académie, qui finissait par décider, en 1736, l'envoi de Maupertuis en Laponie.

Bouguer et La Condamine revinrent en France, brouillés à mort ; chacun, dit Lalande, croyait que la mesure n'aurait pu réussir sans lui, l'un à cause de sa géométrie et l'autre de son crédit. Chacun ne cherchait qu'à prouver que seul il en serait venu à bout ; mais leurs contestations, suivant la remarque de Montucla, portèrent à croire que leurs mesures n'étaient point exactes, et que l'un et l'autre pouvaient bien s'être également trompés. L'amiral Ulloa, qui avait aidé les astronomes français dans des opérations faites sur le territoire de Sa Majesté très-catholique, fut pris par les Anglais contre lesquels le roi son maître était en guerre. Mais cette circonstance ne servit qu'à mieux mettre en évidence l'éclat du triomphe que la théorie de Newton venait d'obtenir. Arrivé à Londres, il reçut sur-le-champ l'accueil qu'on devait attendre d'une nation qui, au milieu des guerres les plus animées, montra toujours qu'elle faisait cas des sciences et de ceux qui les cultivent. Non-seulement on lui rendit sa liberté, ses biens et ses papiers, mais on le reçut membre étranger de la Société royale de Londres. Singulière manière en vérité d'établir sa candidature dans l'Académie d'un pays!

Maupertuis, qui revint de Laponie avec des conclusions conformes à celles de Bouguer et La Condamine, acheva d'ébranler la confiance des partisans de la terre allongée. Cependant des mesures ultérieures, disons-le en passant et sans malice, ont prouvé que son degré était faux. Comme personne ne pouvait le dire, et comme du reste il ne l'aurait pas cru, il se fit représenter dans une magnifique estampe *aplatissant le monde* représenté par un globe sur lequel il frappait avec la paume de la main.

Lorsqu'il s'agit d'arrêter les bases du système métrique dont la révolution française a doté le monde civilisé, la commission des poids et mesures résolut, comme on le sait, de déterminer la longueur d'un arc traversant la France. Il fallut donc que ses représentants reprissent sur de nouveaux frais tous les travaux des astronomes précédents.

Cette opération fut exécutée, au milieu de traverses et d'aventures dans le détail desquels il serait trop long d'entrer, par Delambre et

Méchain. Delambre eut le bonheur de voir son ouvrage terminé et fut nommé secrétaire perpétuel de l'Académie des sciences. Méchain est mort au fond de l'Espagne, épuisé par des fatigues plus grandes qu'il n'était, pour ainsi dire, donné à un homme de supporter. A cette époque, les savants eux-mêmes sentaient la nécessité de se changer en héros! Une partie du méridien restait encore à mesurer. C'était celle qui, comprise entre Barcelone et les Baléares, devait servir de vérification, donner la sanction scientifique à l'ensemble de l'expédition. Puisque des généraux de vingt ans sauvaient la république, on pouvait bien confier à des adolescents la mission de compléter une série immortelle de glorieux travaux.

Arago raconte lui-même dans les souvenirs de sa jeunesse son intéressante odyssée; on le voit jeté en prison par la pitié de ceux qui voulaient le protéger contre la fureur d'un peuple fanatisé. Il n'échappe à sa captivité que pour tomber entre les mains des Barbaresques. Mais au milieu des dangers qui menacent incessamment sa vie, il n'oublie pas un seul instant ses grands devoirs scientifiques. Il revient en France, rapportant sa Luisiade scientifique; nouveau Camoens, il avait fait naufrage, et failli être englouti par les sables, ces vagues du désert, sans se séparer un seul instant de ses inestimables cahiers d'observation. Grâce à son abnégation, à sa persévérance patriotique, la science des astronomes républicains était défendue contre des calomnies intéressées. Le grand triangle, dont un des côtés n'avait pas moins de 160 000 mètres de longueur, ayant été mesuré directement, donna un résultat pareil à celui qui avait été trouvé en combinant la moyenne des résultats obtenus tout le long de la courbe parcourue depuis Dunkerque jusqu'au littoral espagnol.

L'œuvre des commissaires républicains a été attaquée dans ces derniers temps, par des nations jalouses de la gloire que la détermination du mètre a fait rejaillir sur notre astronomie nationale.

Mais nous devons considérer ces critiques comme une preuve d'inintelligence des principes que la Convention nationale avait en vue en promulgant ses immortels décrets (1).

Ces mesures établirent définitivement la théorie de l'aplatissement de la terre, et Laplace qui, comme nous l'avons dit plus haut, assimila le solide à un ellipsoïde de révolution, chercha la mesure de cet aplatissement dans les mouvements célestes. Le principe de sa méthode de calcul semble bien fait pour montrer encore une fois la singulière philosophie à laquelle il est fidèle, car il ne néglige jamais de remplacer la mesure d'un élément par un autre problème plus difficilement accessible.

Si nous supposons que M. de Laplace ait raison, nous arrivons sans trop de peine à trouver des formules qui indiqueront l'action attractive du sphéroïde terrestre sur un corps extérieur tournant autour d'elle. Jamais la lune n'est arrivée plus à propos pour compléter ce que

(1) Elle se proposait non de mesurer le méridien d'une façon exacte en toute rigueur, mais de fixer d'une façon irrévocable l'état des connaissances astronomiques à l'époque où l'opération avait été faite. Les commissaires savaient bien que tous les méridiens n'étaient pas égaux, et que la longueur d'un arc donné pouvait même éprouver des variations notables par suite de l'action volcanique du globe.

l'étude dont nous avons parlé plus haut, sur la densité des couches intérieures n'avait pas permis de déterminer d'une façon définitive. Ces formules comprendront plusieurs termes rangés, suivant les puissances inverses de la distance, de sorte que, pour des distances très-grandes, les deux premiers seuls seront sensibles. L'influence de l'aplatissement étant nulle sur le premier, et *visible seulement sur le second*, la connaissance de ce second terme permettra de mesurer l'enfoncement du pôle.

Mais pour connaître ce *second terme* qui contient à lui seul la valeur de l'aplatissement terrestre, il faut que les observations permettent en quelque sorte de l'isoler dans le le mouvement lunaire. Il faut que l'on *soit sûr à priori que cette inégalité ne provient pas d'autre cause inconnue*, c'est-à-dire *non-seulement* que la terre est un solide de révolution très-voisin d'un sphéroïde, mais de plus, comme toujours, que l'attraction newtonienne est la force unique qui règne dans la nature.

Cette double condition n'effraye point Laplace, qui s'écrie triomphalement, comme nous ne saurions trop le répéter : *l'astronomie, résulta merveilleux de toute cette analyse! peut mesurer, sans sortir de son observatoire, la forme du sphéroïde terrestre,* qui a nécessité tant de voyages longs, coûteux et dangereux dans toutes les parties du monde.

Quels sont donc ces mouvements lunaires, si parfaitement connus, cet oreiller commode sur lequel dorment tranquilles depuis plus d'un demi siècle tant d'académiciens, c'est ce que nous allons voir pour terminer notre revue sommaire.

L'INÉGALITÉ SÉCULAIRE DU MOYEN MOUVEMENT DE LA LUNE.

Les mouvements de la lune sont beaucoup plus compliqués qu'on ne le suppose dans le public. Nous aurions désiré nous abstenir de les considérer, pour qu'on ne nous accusât point de choisir un point faible des théories classiques. Mais comme nous l'avons fait remarquer plus haut, nous ne pouvons nous empêcher de suivre le président actuel de l'Institut sur le terrain

8.

que lui-même a cru devoir choisir pour triompher de ses adversaires, ou plutôt des scrupules de sa conscience académique, car ses adversaires sont encore en trop petit nombre pour qu'il y puisse songer.

Si l'on tient à se servir d'une ellipse pour représenter les mouvements lunaires, il y a beaucoup de choses à faire. Le chemin n'est point tout pavé, comme l'on dit vulgairement. Il faut d'abord admettre que le plan de l'ellipse fait le tour du ciel en 232 révolutions lunaires, ou environ, et que le grand axe de l'ellipse fait deux tours entiers dans le même temps. Ces deux mouvements sont nécessaires pour réduire la terre au mouvement elliptique ; mais le premier, au lieu de se produire en 232 révolutions de la terre, est cent fois plus lent, car il ne se produit que tous les 26 000 ans. Le grand axe de l'orbe terrestre se déplace comme celui de l'orbe lunaire, mais il marche quinze fois moins vite par révolution (1). De pareils mouvements de

(1) La lunaison étant l'équivalent de l'année terrestre pour la lune, c'est à cette durée qu'il faut rapporter les inégalités pour en apprécier l'importance relative.

ces deux quantités modifient sensiblement l'importance qu'il convient d'attacher à la considé-
ration des ellipses. Est-il bien sûr que l'on aurait
autant de mal à réduire les mouvements lunaires
à la cassinoïde, si l'on appliquait à cette courbe
des corrections analogues?

La cassinoïde, y pensez-vous, dira-t-on. Voilà
une belle solution à proposer? Nullement. Mais
pourquoi n'en essayerait-on pas un peu de re-
chef, après cent cinquante ans d'oubli, dans un
cas qui semble désespéré, où les belles équations des géomètres contemporains ne suffisent
pas. Car il est certain, nul ne pourrait le nier,
que Keppler n'aurait jamais été en état de
reconnaître sa pauvre ellipse, si torturée par
des changements de toute nature, s'il avait eu
la fâcheuse idée de s'adresser à un astre aussi
difficile à régler.

Heureusement il n'a pas donné à la lune le
temps qu'il a si utilement consacré à la planète
Mars.

Aux dernières pages de son manifeste académique, M. Delaunay étale triomphalement les
noms barbares des principales inégalités, avec-

tion, équation parallactique, variation, équation
annuelle, équation périodique de 9 jours 6,
équation périodique de 15 jours 4, équation
périodique de 25 jours 6, équation périodique
de 29 jours 8, équation périodique de 34 jours
8, équation périodique de 205 jours 50.........
Faisons comme lui, ajoutons des etc., etc. Car
nous sommes loin d'arriver au compte de trente
à quarante. Qui croirait, en entendant cette
énumération, que les géomètres ont la prétention de les discerner toutes individuellement,
de les choisir à la fourchette, en employant,
pour tout guide, la *seule et unique équation*.
Qui ne nous accuserait de les calomnier, s'ils
n'étaient là pour affirmer qu'ils savent deviner
ce qui produit chacune d'elles dans l'espace
infini ! Heureusement ils ont grand soin de dire :
l'une vient de Vénus, l'autre de Mars, en voilà
une qui vient de Jupiter, celle-ci est un écho
éloigné de celles qui affectent la terre, etc. !

Mais il y en a une autre beaucoup plus em-
barrassante, dont il est bon de causer un peu.

Les bonnes observations, les observations
sérieuses, pour fonder la vraie science, ce sont

les conjonctions des astres et surtout les conjonctions écliptiques. Or, parmi ces dernières figurent, au premier rang, les éclipses totales. Heureusement elles produisaient une grande frayeur quand les hommes étaient assez ignorants pour croire qu'elles présageaient la fin du monde ; les peuples de l'antiquité les ont observées, pour ainsi dire malgré eux, sans savoir en quelque sorte ce qu'ils faisaient. Ces événements ont laissé dans l'histoire un sillon qui est arrivé jusqu'à nous.

Le grand Halley a donc pu combiner d'anciennes observations, dont la trace avait échappé aux siècles, mieux peut-être que s'il s'était agi de la chute d'un empire, ou de la mort d'un grand prince. Il est parvenu, grâce aux éclipses de soleil, à constater un fait général indépendant de cette broussaille d'inégalités, dont la plupart, heureusement pour les astronomes de ces temps, n'avaient point encore été inventées. Le mouvement de la lune va en s'accélérant lentement, mais de siècle en siècle, de sorte que l'orbite parcourue par notre satellite va constamment en se rétrécissant.

Quand ce fait inattendu eut été constaté d'une façon définitive, un grand effroi saisit le public. On se demanda : Où allons-nous, que devons-nous devenir, s'il arrive que la lune se rapproche constamment ? N'est-il point nécessaire de reconnaître que cette lourde compagne de notre terre tombera un jour sur la tête de nos arrière-petits-neveux ? Au lieu d'en prendre leur parti, comme auraient fait les stoïciens, et de reconnaître qu'un pareil accident n'est rien dans l'histoire de la nature, que dans l'infini des cieux il n'est pas plus important que la mort d'un éphémère sur la terre, les newtoniens voulurent rassurer à tout prix les trembleurs. Ils tinrent à donner à notre globe menacé un brevet d'immortalité signé par l'Académie. Ils proposèrent de prouver, par raison démonstrative, qu'un pareil cataclysme n'arrivera jamais, et qui, plus est, de le prouver au moyen de la seule et unique attraction !...

La tâche était grosse, comme on va le voir. Jamais on ne prépara pour un seul problème, celui des trois corps excepté, autant d'indéchiffrables équations. L'Académie des sciences de

Paris mit la question au concours pour les années 1768, 1770, 1772, 1774, c'est-à-dire à
quatre reprises différentes. Euler, Lagrange,
Bernouilli, d'Alembert et Laplace lui-même,
échouèrent complétement. On présenta des combinaisons ingénieuses : les uns invoquaient des
frottements sur la matière des cieux, idée car-
tésienne, qui fut rejetée ; d'autres proposaient
une augmentation du jour sidéral, opinion également hérétique dans le siècle dernier, mais à
laquelle nous verrons M. Delaunay, de désespoir, se rattacher ou plutôt se cramponner.
C'est seulement en 1787 que Laplace apporta
de nouvelles équations, qui furent dignes d'être
couronnées, et que le monde rassuré sur la per-
pétuité de notre race, put enfin dormir en paix,
sous la garantie de l'Académie. En effet, étrange
révélation de la destinée humaine, l'individu
qui ne se révolte pas contre l'idée de sa mort,
ne supporte point avec une résignation pareille
la destruction de son espèce, le naufrage de
cette terre, qu'on dit inerte.

Les grandes vérités sublimes reposent, encore une fois, sur des équations que l'Académie

de 1787 a vérifiées. C'est que la forme de l'orbite que nous parcourons nous-mêmes éprouve un changement analogue, par suite des vicissitudes inévitables des mouvements célestes. Pendant un grand nombre de siècles dont M. de Laplace connaît le chiffre exact, le rapprochement lent augmentera progressivement la vitesse de notre satellite. Mais après s'être approchée pendant une période, la terre s'écartera, et l'orbe de la lune, après s'être contracté, se dilatera.

Devenue plus paresseuse, elle tournera plus lentement, et l'attraction tempérera son cours trop impétueux. La loi de Newton l'empêchera de prendre mors aux dents.

Dormez en paix, grands de la terre, aucune catastrophe céleste ne viendra empêcher votre gloire de briller éternellement ! Car le refroidissement du soleil vous fait peur, n'oubliez pas que les hommes pourront s'y habituer, que l'on vit très-bien près du pôle où, Dieu merci, le froid est pourtant assez intense. Si vous savez construire des pyramides assez hautes, elles pourront toujours durer. Ce n'est point Laplace

vous le jure, la lune satellite indocile qui aurait le mauvais goût d'amener la disparition
du genre humain. Encore une fois les équations
qui nous empêchent de tomber dans la fournaise ne sauraient permettre qu'un astre mal-
appris vînt écraser nos empires, aplatir nos
académies.

Mais empruntons à M. Delaunay lui-même la
suite de cette instructive histoire qui nous montrera combien Sénèque avait plus de bon sens,
quand il s'écriait, au moment de rendre le dernier soupir : « Ce globe orgueilleux ou maint
tyran trône verra aussi sa fatale journée. »

« La question de l'équation séculaire, objet
de tant de recherches dans la seconde moitié du
siècle dernier, n'était pas complétement épuisée
par la découverte que Laplace avait faite de la
cause de cette équation séculaire. » (Delaunay,
page 468.)

« Laplace avait *bien* calculé la valeur numé-
rique de cette modification lente et progressive
du mouvement de la lune, *mais son calcul
n'était pas entièrement rigoureux.* Il s'était
contenté d'une approximation, comme on fait

toujours en pareil cas. » Or, les nouveaux calculs ont eu pour résultat d'abaisser de *moitié la partie de l'équation séculaire dont il rendait compte.*

La démonstration de ce fait a été donnée par M. Adam, dans un ouvrage couronné le 6 février 1866 par la Société royale astronomique de Londres, proclamant, après *soixante-dix-neuf années*, que Laplace n'avait expliqué que la moitié de la difficulté qui avait arrêté Lagrange, Bernouilli, Euler...; nous dirons nous autres qu'il n'avait *rien expliqué du tout*, car nous admettons sans doute que la vérité est un tout qui ne se fractionne pas, nous nions qu'on puisse expliquer une moitié d'une difficulté, et léguer l'autre moitié aux inventeurs d'une théorie supplémentaire.

Il semble que le résultat de cette analyse doive être infailliblement de déclarer que l'attraction ne suffit point à elle seule pour rendre compte de l'équation séculaire. On s'attend certainement à voir M. Delaunay confesser que Laplace a eu tort de ne point tenir compte de la friction des planètes sur la matière des cieux,

ou de tout autre élément inconnu. Il reconnaî-
tra sans doute qu'il est temps de faire comme
Euler, Lagrange et les autres grands géomètres
qui ont cherché à concilier l'attraction de Newton avec les tourbillons de Descartes. Ces es-
pérances semblent d'autant mieux fondées, que
cette accélération progressive de la lune n'est
point un cas exceptionnel, car les résultats de
l'observation constatent une accélération incontestable dans la révolution sidérale des seules
comètes dont la périodicité puisse jusqu'à un
certain point être admise. Pourquoi la pression
de l'océan des mondes, du menstrue uni-
versel, dont les flots transparents renferment
tout le monde solaire, ne serait-elle point in-
voquée pour rendre compte de cet accroissement de vitesse. Est-ce pour rien qu'elle a
montré sa puissance sur les globes légers,
sur les riens visibles de M. Babinet, sur ces
fleurs éphémères des cieux, qui doivent facilement obéir aux moindres efforts. Puisque
cet élément perturbateur s'est trahi dans un cas
où il doit agir avec tant d'énergie, pourquoi ne
point implorer son secours pour nous expliquer

les évolutions d'astres pesants qui ont *pignon sur les rues de la mécanique céleste*, et place dans les tableaux de l'*Annuaire du bureau des Longitudes?*

Une pareille solution serait certainement trop logique. On aurait eu du *bon sens*, c'est-à-dire on aurait fait de l'empirisme, on aurait imité la méthode des *sciences naturelles*, ce qui serait certainement déroger.

Ce n'est point ainsi que procèdent les gens qui restent fidèles à cette maîtresse jalouse que l'on nomme l'*attraction newtonienne*.

Pour expliquer cette accélération, M. Delaunay admet l'*augmentation du jour sidéral*, idée que Laplace avait écartée. Cette augmentation est inventée, comme on le voit, pour les besoins de la cause, et notre apologiste de Laplace s'en vante au lieu de s'en cacher comme on devrait le faire en bonne philosophie. C'est toujours pour les besoins de la cause qu'on invente une explication quelconque dans l'astronomie, fondée sur la simple attraction.

Chaque inégalité, même séculaire, étant constatée ou supposée l'être, le travail de l'as-

tronome orthodoxe est tout tracé à l'avance. Sa
tâche, sa tâche unique est de trouver dans le ciel
où est le corps coupable de cette infraction au
mouvement elliptique, de *cette perturbation*.
Le mot même est assez énergique et ne laisse
point d'ambiguïté sur la manière dont la science
officielle considère la machine des cieux.

Quand un crime est commis, disait un inspec-
teur de la police de sûreté, qui se nommait, je
crois, Vidocq, « je demande toujours *où est la*
femme, et par là je suis sûr d'arriver à tout
expliquer. » Où est la planète, la planète coupable d'une infraction aux lois de la mécanique
céleste? demande constamment M. Delaunay.

Comment expliquer ce que Laplace n'a pas
vu, tout en arrivant à lui donner raison, et en
évitant avant tout de lui donner tort? Comment
accomplir cette espèce de miracle? C'est à l'aide
de l'onde de haute mer produite par les marées
qui suivent la lune, produisant une sorte de
friction retardant fatalement la rotation de la
terre !

Vainement on a remarqué que l'existence
même de cette montagne liquide était loin

9.

d'être établie, qu'il semblait au contraire que les mouvements confus des marées ne devaient avoir aucun effet d'ensemble. Vainement a-t-on voulu ajourner le calcul de cet effet hypothétique, pour le moment où les observations maréographiques, à peine commencées scientifiquement, auraient été faites avec un soin suffisant dans les latitudes tropicales.

Vainement on a montré que la chute des météorites accumulés pendant des siècles peut produire un ralentissement encore plus grand que celui dont l'auteur de la *théorie de la lune* se croit à même d'évaluer l'intensité.

Vainement on a fait remarquer que des changements insignifiants dans la forme générale d'un continent, que la disparition d'une partie de globe actuellement émergée, que la production d'un pays nouveau par l'action des volcans répandus dans le Pacifique, que des révolutions géologiques, que l'invasion d'une période glaciaire, que mille causes inconnues peuvent agir d'une façon plus énergique que cette onde fantôme !

Rien n'a pu arrêter l'enthousiasme acadé-

mique! S'il eût été nécessaire on eût déclaré
que M. Delaunay venait de couronner l'édifice
de la mécanique céleste, qu'il avait découvert
l'explication du dernier désaccord que l'on peut
constater entre la théorie et l'observation avant
ou après l'éclipse de Thalès !

Non, ce n'est point dans de pareilles conceptions que réside l'astronomie moderne. L'étude
de la nature céleste demande le concours de
principes plus féconds qu'une analyse épuisée
par des travaux séculaires. La figure des corps
célestes doit être inspectée dans des conditions nouvelles. Les météores cosmiques ne peuvent plus être abandonnés à des observateurs
de rencontre. Le nombre toujours croissant des
petites planètes met en évidence une liaison
cachée entre la situation des périhélies et
quelque grand phénomène général qui nous a
échappé jusqu'à ce jour !

La mécanique céleste ne sera complète que
le jour où elle rendra compte des liaisons qui
existent incontestablement entre la durée des
rotations des planètes et celle de leurs révolutions célestes, entre leurs positions relative-

ment au soleil, leur diamètre, leur orbite,
leur nombre de satellites, leurs répartitions
dans les espaces; quoique l'on ait pu exagérer
l'importance de l'analyse spectrale, ce procédé
n'en constitue pas moins un moyen aussi puissant qu'imprévu de sonder la composition des
plages planétaires.

Que de recherches, que de calculs, dans les
déterminations de l'astronomie stellaire! que de
découvertes à faire, si nous savons admirer la
fécondité des forces cachées de la nature !

Puissions-nous avoir réussi à ébranler la
foi de quelques esprits éclairés dans l'efficacité
d'une science dépourvue de philosophie, incomplète parce qu'elle veut tout embrasser, im-
puissante parce qu'elle a l'orgueil de tout
savoir pénétrer, de tout expliquer, de tout ra-
mener à ses formules !

Puissions-nous avoir contribué à exciter l'a-
mour de l'observation dans les circonstances
es plus diverses, et nous aurons accompli le
but que nous nous étions proposé. Nous aurons
réussi plus complétement que nous n'osions
l'espérer si nos humbles efforts sont encouragés

par le public sans préjugé, dont nous sollici-
tons la sympathie. Nous pourrons essayer ultérieurement d'exposer les idées qui nous semblent à la veille de devenir vulgaires. Mais
nous ne nous sommes point senti le courage
de le faire avant d'avoir cherché à montrer le
danger des préjugés scientifiques, trop répandus de nos jours.

Qu'il nous soit permis, en terminant cet opuscule, d'insister de nouveau sur le respect que
nous avons pour la science de la nature ! Car
nous serions désolé qu'on vît du scepticisme
et de l'indifférence dans les attaques que nous
avons dû diriger contre les doctrines officielles.
En effet, trop étroites pour les observations ac-
tuelles, elles doivent incontestablement être
renversées pour faire place à l'astronomie de
l'avenir ! car on ne remplace contrairement à ce
qui a été dit, que ce que l'on commence par
détruire.

FIN

TABLE DES MATIÈRES

Paris. — Imprimerie de E. MARTINET, rue Mignon, 2.

LIBRAIRIE GERMER BAILLIÈRE

17, RUE DE L'ÉCOLE-DE-MÉDECINE, 17

PARIS

EXTRAIT DU CATALOGUE

BIBLIOTHÈQUE
DE
PHILOSOPHIE CONTEMPORAINE

Volumes in-18 à 2 fr. 50 c.

Ouvrages publiés.

H. Taine.

Le Positivisme anglais, étude sur Stuart Mill. 1 vol,

L'Idéalisme anglais, étude sur Carlyle. 1 vol.

Philosophie de l'art. 1 vol.

Philosophie de l'art en Italie. 1 vol.

De l'idéal dans l'art. 1 vol.

Paul Janet.

Le Matérialisme contemporain. Examen du système du docteur Büchner. 1 vol.

La Crise philosophique. MM. Taine, Renan, Vacherot, Littré. 1 vol.

Le Cerveau et la Pensée. 1 vol.

Odysse-Barot.

Philosophie de l'histoire. 1 vol.

Alaux.

La Philosophie de M. Cousin. 1 vol.

Ad. Franck.

Philosophie du droit pénal. 1 vol.

Philosophie du droit ecclésiastique. 1 vol.

La Philosophie mystique en France au XVIIIᵉ siècle (Saint-Martin et don Pasqualis). 1 vol.

Émile Saisset.

L'Ame et la Vie, suivi d'une étude sur l'Esthétique française. 1 vol.

Critique et histoire de la philosophie (fragments et discours). 1 vol.

Charles Lévêque.

Le Spiritualisme dans l'art. 1 vol.

La Science de l'invisible. Étude de psychologie et de théodicée. 1 vol.

Auguste Laugel.

Les Problèmes de la nature. 1 vol.

Les Problèmes de la vie. 1 vol,

Les Problèmes de l'âme. 1 vol.

La Voix, l'Oreille et la Musique. 1 vol.

Challemel-Lacour.

La Philosophie individualiste, étude sur Guillaume de Humboldt. 1 vol.

Charles de Rémusat.

Philosophie religieuse. 1 vol.

Albert Lemoine.

Le Vitalisme et l'Animisme de Stahl. 1 vol.

De la Physionomie et de la Parole. 1 vol.

Milsand.

L'Esthétique anglaise, étude sur John Ruskin. 1 vol.

A. Véra.

Essais de philosophie hégélienne. 1 vol.

Beaussire.
Antécédents de l'Hégélianisme dans la philosophie française. 1 vol.

Bost.
Le Protestantisme libéral. 1 vol.

Francisque Bouillier.
Du Plaisir et de la Douleur. 1 vol.

Ed. Auber.
Philosophie de la médecine. 1 vol.

Leblais.
Matérialisme et Spiritualisme, précédé d'une préface par M. E. Littré (de l'Institut). 1 vol.

A. Garnier.
De la morale dans l'antiquité, précédé d'une introduction par M. Prévost-Paradol (de l'Académie française). 1 vol.

Schœbel.
Philosophie de la raison pure. 1 vol.

Beauquier.
Philosophie de la musique. 1 vol.

Tissandier.
Des Sciences occultes et du Spiritisme. 1 vol.

J. Moleschott.
La circulation de la vie. Lettres sur la physiologie en réponse aux Lettres sur la chimie de Liebig, traduit de l'allemand par M. le docteur Cazelles. 2 vol.

H. Buchner.
Science et Nature, trad. de l'allem.

par Aug. Delondre. 2 vol.

Ath. Coquerel fils.
Origines et transformations du christianisme. 1 vol.
La Conscience et la Foi. 1 vol.

Jules Levallois.
Déisme et Christianisme. 1 vol.

Camille Selden.
La Musique en Allemagne. Étude sur Mendelssohn. 1 vol.

Fontanès.
Le Christianisme moderne. Étude sur Lessing. 1 vol.

Saigey.
La Physique moderne. Étude sur l'unité des phénomènes naturels. 1 vol.

Mariano.
La Philosophie contemporaine en Italie. 1 vol.

Faivre.
De la variabilité des espèces.

Letourneau.
Physiologie des passions. 1 vol.

Stuart Mill.
Auguste Comte et la philosophie positive, trad. de l'anglais par M. le Dr Clemenceau. 1 vol.

Ernest Bersot.
Libre philosophie. 1 vol.

A. Réville.
Histoire du dogme de la divinité de Jésus-Christ. 1 vol.

Chacun de ces ouvrages a été tiré au nombre de trente exemplaires sur papier vélin. Prix de chaque exemplaire. 10 fr.

FORMAT IN-8.

Volumes à 5 fr. et 7 fr. 50 c.

JULES BARNI. **La morale dans la démocratie.** 1 vol. 5 fr.
STUART MILL. **La Philosophie de Hamilton.** 1 vol. (sous presse).
HERBERT SPENCER. **Les Premiers principes.** 1 vol. (sous presse).
AGASSIZ. **De l'espèce et des classifications** (sous presse).

BIBLIOTHÈQUE D'HISTOIRE CONTEMPORAINE

Volumes in-18, à 3 fr. 50 c.

CARLYLE. **Histoire de la Révolution française**, traduite de l'anglais par M. Élias Regnault.

Tome Ier : LA BASTILLE.

Tome II : LA CONSTITUTION.

Tome III et dernier : LA GUILLOTINE.

VICTOR MEUNIER. **Science et Démocratie**. 2 vol.

JULES BARNI. **Histoire des idées morales et politiques en France au XVIIIe siècle**. 2 vol.

Tome Ier (Introduction. — L'abbé de Saint-Pierre. — Montesquieu. — Voltaire).

Tome II (Jean-Jacques Rousseau. — Diderot. — D'Alembert).

AUGUSTE LAUGEL. **Les Etats-Unis pendant la guerre** (1861-1865). Souvenirs personnels. 1 vol.

DE ROCHAU. **Histoire de la Restauration**, traduite de l'allemand par M. Rosenwald. 1 vol.

EUG. VÉRON. **Histoire de la Prusse** depuis la mort de Frédéric II jusqu'à la bataille de Sadowa. 1 vol.

HILLEBRAND. **La Prusse contemporaine et ses institutions**. 1 vol.

EUG. DESPOIS. **Le Vandalisme révolutionnaire**. Fondations littéraires, scientifiques et artistiques de la Convention. 1 vol.

THACKERAY. **Les quatre-Georges**, traduit de l'anglais. 1 vol.

BAGEHOT. **La constitution anglaise**, traduit de l'anglais. 1 vol.

FORMAT IN-8.

SIR G. CORNEWALL LEWIS. **Histoire gouvernementale de l'Angleterre de 1770 jusqu'à 1830**, traduite de l'anglais et précédée de la Vie de l'auteur, par M. MERVOYER. 1 vol.   7 fr.

DE SYBEL. **Histoire de la Révolution française**. 3 vol. in-8, traduit de l'allemand (*sous presse*).

ÉDITIONS ÉTRANGÈRES.

AUGUSTE LAUGEL. **The United States during the war**. 1 beau vol. in-8 relié.   7 shill. 6 d.

H. TAINE. **Italy** (Naples et Rome). 1 beau vol. in-8 relié. 7 sh. 6 d.

H. TAINE. **The physiology of art**. 1 vol. in-18, rel.   3 shil.

H. TAINE. **Philosophie der Kunst**. 1 vol. in-8.   1 thal.

PAUL JANET. **The materialism of present day**, translated by prof. Gustave MASSON. 1 vol. in-18, rel.   3 shil.

PAUL JANET. **Der Materialismus unserer Zeit**, übersetzt von prof. Reichlin-Meldegg mit einem Vorwort von prof. von Fichte, 1 vol. in-18.   1 thal.

— 1 —

OUVRAGES
De M. le professeur VÉRA
Professeur à l'Université de Naples.

INTRODUCTION
A LA
PHILOSOPHIE DE HÉGEL
1 vol. in-8, 1864, 2ᵉ édition.... 6 fr. 50

LOGIQUE DE HÉGEL
Traduite pour la première fois, et accompagnée d'une Introduction
et d'un commentaire perpétuel.

2 volumes in-8............ 12 fr.

PHILOSOPHIE DE LA NATURE
DE HÉGEL
Traduite pour la première fois, et accompagnée d'une Introduction
et d'un commentaire perpétuel.

3 volumes in-8. 1864-1866........ 25 fr.

Prix du tome II... 8 fr. 50.— Prix du tome III... 8 fr. 50

PHILOSOPHIE DE L'ESPRIT
DE HÉGEL
Traduite pour la première fois, et accompagnée d'une Introduction
et d'un commentaire perpétuel.

1867. Tome Iᵉʳ, 1 vol. in-8. 9 fr.

L'Hégélianisme et la Philosophie. 1 vol. in-18. 1861. 3 fr. 50
Mélanges philosophiques. 1 vol. in-8. 1862.   5 fr.
Essais de philosophie hégélienne (de la *Bibliothèque de phi-
losophie contemporaine*). 1 vol.   2 fr. 50
Problème de la certitude. 1 vol. in-8.   3 fr. 50
Platonis, Aristotelis et Hegelii de medio termino doctrina.
1 vol. in-8. 1845.   1 fr. 50

REVUE DES COURS

Reproduisant, soit par la sténographie, soit au moyen d'analyses revisées par les professeurs, les principales leçons et conférences littéraires ou scientifiques faites à Paris, en province et à l'étranger.

Direction : MM. Eug. YUNG et Ém. ALGLAVE.

LA REVUE DES COURS SE PUBLIE EN DEUX PARTIES SÉPARÉES.

REVUE DES COURS LITTÉRAIRES

DE LA FRANCE ET DE L'ÉTRANGER

Collége de France, Sorbonne, Faculté de droit, École des Chartes, École des beaux-arts, cours de la Bibliothèque impériale, Facultés des départements, Universités allemandes, anglaises, suisses, italiennes, Sociétés savantes, etc.

Soirées littéraires de Paris et de la province. — Conférences libres.

REVUE DES COURS SCIENTIFIQUES

DE LA FRANCE ET DE L'ÉTRANGER

Collége de France, Sorbonne, Faculté de médecine, Muséum d'histoire naturelle, École de pharmacie, Facultés des départements, Académie des sciences, Universités étrangères.

Soirées scientifiques de la Sorbonne. — Conférences libres.

Les deux revues paraissent le samedi de chaque semaine par livraisons de 32 à 40 colonnes in-4°.

Prix de chaque revue isolément.

	Six mois.	Un an.
Paris..................	8 fr.	15 fr.
Départements..........	10	18
Étranger.............	12	20

Prix des deux revues réunies.

	Six mois.	Un an.
Paris.................	15 fr.	26 fr.
Départements..........	18	30
Étranger.............	20	35

L'abonnement part du 1er décembre et du 1er juin de chaque année.

La publication de ces deux revues a commencé le 1er décembre 1863.

Chaque année forme deux forts volumes in-4° de 800 à 900 pages.

Les quatre premières années (1864, 1865, 1866 et 1867) sont en vente, on peut se les procurer brochées ou reliées.

Revue des Cours littéraires.

Résumé de la table générale des quatre premières années.

PHILOSOPHIE.

Sa définition et son objet, par M. Paul Janet, II. — Origine de la connaissance humaine, par M. Moleschott, II. — L'homme est-il la mesure de toutes choses? par M. Paul Janet, III. — De la per-

sonnalité humaine, par M. Caro, IV. — Distinction de l'âme et du
corps, par M. Janet, I. — Le principe de la vie suivant Aristote,
par M. Philibert, II. — Phénomène de la sensibilité; idée d'une
géographie et d'une ethnographie psychologiques, par M. Ch. Lévêque, I. — Du bonheur et des plaisirs vrais, par le même, I.
— L'âme des bêtes, par M. Brisebarre, I. — Le fatalisme et la
liberté, par M. Lévêque, II. — L'âme humaine dans l'histoire,
par M. Bohn, II. — Situation actuelle du spiritualisme, par
M. Caro, II.
Philosophie de l'Inde, par M. Paul Janet, II. — Démocrite, par
M. Lévêque, I. — Socrate et les sophistes; double origine de la
sophistique, par M. Lorquet, I. — Du monothéisme juif, par
M. Munck, II. — Le christianisme philosophique, par M. Bayet,
II. — Le procès de Galilée, par M. Trouessart, IV. — Les trois
Galilée, par M. Philarète Chasles, IV. — Descartes, par M. Bohn,
II. — Des controverses philosophiques au XVIIe siècle (10 leçons),
par M. Paul Janet, IV. — Diderot, sa vie, ses idées, par M. Jules
Barni, III. — Saint-Simon, ses idées morales et religieuses, par
M. Ch. Lemonnier, I. — M. Cousin et sa philosophie, à propos de
ses *Fragments et Souvenirs*, par M. Véra, II. — Victor Cousin,
par M. Lévêque, IV. — Le mouvement philosophique en Sicile,
par M. Em. Beaussire, IV. — Les spirites, par M. Tissandier, II.

THÉOLOGIE.

Vie de Jésus, par M. de Pressensé, I. — Du témoignage des martyrs
en faveur de la divinité de Jésus-Christ, par M. l'abbé Peyreyve, I.
— Les pères de l'école d'Alexandrie et la papauté primitive, par
M. l'abbé Freppel, II. — L'Afrique à l'époque de Tertullien, par
le même, I. — Le système de Herder, par M. l'abbé Dourif, II.
— Le déisme, par le père Hyacinthe, II. — De la société domestique, par le même, IV. — De la société conjugale, par le
même, IV. — Le foyer domestique, par le même, IV. — L'unité
de l'esprit parmi les chrétiens, par M. Fontanès, IV. — Pourquoi
la France n'est-elle pas protestante? par M. Ath. Coquerel fils,
III. — Des progrès religieux hors du christianisme, par sir John
Bowring, III.

LÉGISLATION.

Introduction générale à l'étude du droit, par M. Beudant, I. —
Philosophie du droit civil, par M. Franck, II. — Principes et
caractère de la révolution française, par M. Macé, IV. — Des
principes de la société moderne, par M. Albicini, IV. — Cours de
droit civil (première année), par M. Valette, I et II. — Du droit de
punir, par M. Ortolan, II. — La législation criminelle en Angleterre, par M. Laboulaye, I et II. — Du droit administratif, par
M. Batbie, I. — Du droit international, par M. Beltrano, I. —
Principes philosophiques du droit public, par M. Franck, III. —

— 7 —

De l'histoire de l'économie politique, son but, son objet, par M. H. Baudrillart, IV. — La poésie dans le droit, par M. Lederlin, III. — Du caractère français dans ses rapports avec le droit, par M. Thézard, IV. — La liberté dans l'ordre intellectuel et moral, par M. Beaussire, IV. Les libertés municipales dans l'empire romain, par M. de Valroger, II. — Les origines celtiques du droit français, par le même, I. — Une académie politique sous le cardinal Fleury, par M. Paul Janet, II. — Publicistes du xviiie siècle : Locke, Montesquieu, madame de Staël, par M. Franck, I. — De la constitution des États-Unis, par M. Laboulaye, I. — De l'administration française sous Louis XVI (50 leçons), par le même, II, III et IV.

MORALE.

De la morale publique, par M. J. Barni, II. — La raison d'État dans Aristote et Machiavel, par M. Ferri, II. — La morale de Spinosa, par M. Ch. Lemonnier, III. — Histoire du travail, par M. Frédéric Passy, III. — La paix et la guerre, par M. Franck, I. — La paix perpétuelle, par M. Ch. Lemonnier, IV. — La vraie et la fausse égalité, par M. Ad. Franck, IV. — De la civilisation, par M. Ch. Duveyrier, II. — Les lettres et la liberté, ouvrage de M. Despois, par M. Eugène Véron, III. — Le droit naturel et la famille, par M. Franck, II. — Caton et les dames romaines, par M. Aderer, IV. — La question des femmes au xve siècle, par M. Campaux, I. — Du progrès social par l'instruction des femmes, par M. Thévenin, I. — Les femmes et la mode par madame Sezzi, II. — L'amour platonique, par M. Waddington, I. — L'éducation littéraire des femmes au xviie siècle, par M. Deltour, II. — Les femmes dans Molière, par M. Aderer, II. — Le luxe, par M. Batbie, III. — Une visite dans un établissement d'aliénés en Angleterre, par M. Elias Regnault, II. — Du droit de tester dans ses rapports avec la société moderne, par M. Franck, III. — De l'hérédité, par M. Frédéric Passy, IV. — Les nègres affranchis des États-Unis, par MM. Laboulaye, Leigh, de Pressensé, Sunderland, Coquerel fils, Crémieux, Boudeeuw Saint-Hilaire, Th. Monod, II ; Laboulaye, Franck, Albert de Broglie, Chamorozow, Augustin Cochin, Dhombres, III et IV. — Les pères et les enfants au xixe siècle, deux leçons de M. Legouvé, IV. — Les expositions de l'industrie, par M. Levasseur, IV. — L'exposition industrielle en 1867, par M. Audiganne, IV. — Le travail des enfants dans les manufactures, par M. Jules Simon, IV.

ENSEIGNEMENT.

L'enseignement officiel et l'enseignement populaire au moyen âge, par M. Paulin Pâris, II. — Des progrès de l'érudition moderne, par M. Hignard, II. — Des études classiques latines, par M. Tamagni, I. — L'étude de l'histoire, l'éducation oratoire, par

M. Carlyle, III.— L'instruction moderne, par M. Stuart Mill, IV.—
Les conférences sous Louis XIV, II. — Une brochure sur l'enseignement supérieur, par M. Eug. Yung, II. — De l'état actuel de
l'Université, par M. Mézières, IV. — De l'enseignement supérieur
français, par M. Eugène Véron, II. — Les universités anglaises,
par M. Challemel-Lacour, II. — Les professeurs des universités
allemandes, par M. Élias Regnault, II. — L'enseignement supérieur français et l'enseignement supérieur allemand, par M. Hein-
rich, III. — L'université d'Iéna, par M. Louis Koch, III. —
L'université de Berlin dans l'été de 1866, par M. H. Gaidoz, III.
Revue des cours de la Faculté de théologie de Paris, par M. l'abbé
Bazin, I. — Histoire de l'enseignement de la procédure, par
M. Paringault, III. — L'enseignement de l'École des chartes,
par M. Émile Alglave, II. — Les conférences de la rue de la
Paix, par M. Eugène Véron, II. — Vie et travaux de M. V. Le
Clerc, par M. Guigniaut, III. — Le cours de M. Werder à Berlin
sur l'*Hamlet* de Shakespeare, par M. H. Gaidoz, III. — Un
cours de littérature française publié en Suède, par M. Félix
Franck, III. — Le cours de M. Jules Barni, à Genève, par
M. Eug. Despois, III. — Une conférence de M. Deschanel, par
M. Constant Portelette, III. — La conférence de MM. Méry et
Frédéric Thomas, par M. Eug. Yung, III. — Les bibliothèques
populaires, par M. Jules Simon, II et III; par M. Ed. Charton, par
M. Laboulaye, III. — De l'éducation qu'on se donne soi-même,
par M. Laboulaye, III. — Du choix des lectures populaires, par
M. Saint-Marc Girardin, III. — L'instruction populaire, par
MM. de Pressensé, Royer-Collard et Rosseeuw Saint-Hilaire, IV.
— L'instruction primaire en 1867, par M. Guizot, IV. — Discours
d'ouverture de l'Athénée, par M. Eug. Yung, III.

PHILOLOGIE COMPARÉE.

Considérations générales, par M. Hase, I. — La science du langage
considérée comme science physique; différence entre le développement du langage et son histoire; période empirique de la science
du langage; les éléments constitutifs du langage, par M. Marx
Muller, I. — De la forme et de la fonction des mots, par M. Michel Bréal, IV. — Morphologie des langues, par M. Schleicher, II.
— De la méthode comparative appliquée à l'étude des langues,
par M. Michel Bréal, II. — Grammaire comparée de M. Egger,
par M. Tournier, III. — Grammaire de Bopp, par le même, III.
— De la science du langage, par M. Marx Muller, III.
Les éléments fédératifs des Aryas européens, par M. Duchinski, I. —
Histoire du déchiffrement des inscriptions cunéiformes; alphabet
cunéiforme arien, par M. Oppert, I. — L'article, par M. Hase, I.
— Du grec ancien et du grec moderne; de la prononciation du
grec ancien et du grec moderne, par M. Egger, II. — Le grec

moderne, son histoire, son état actuel, par M. Brunet de Presle, III.

ARCHÉOLOGIE.

De l'emploi du bronze et de la pierre dans la haute antiquité, par M. Lubbock (avec 94 figures), III et IV. — Triangulation de Jérusalem, par sir H. James, III. — Origine de Rome, le Latium, l'art romain sous les rois, explication du mythe de Janus, l'art romain sous la république, topographie de Rome, par M. Beulé, I. — Des fouilles et découvertes archéologiques faites à Rome depuis dix ans (11 leçons), par le même, III et IV. — Les fouilles du Palatin, par M. Félix Franck, III. — Une nouvelle Alesia découverte en Savoie, par le même, III. — Nouvelle étude sur les camps romains, par M. Heuzey, III. — Antiquités du Mexique et de l'Amérique centrale, par M. l'abbé Brasseur de Bourbourg, I.

HISTOIRE.

La cité antique, par M. Fustel de Coulanges, II. — Du rôle de la Grèce dans l'histoire providentielle du monde, par M. Gladstone, III. — De l'état de la civilisation grecque à l'origine, entre Homère et Hésiode, aux ve et vie siècles avant J.-C, à Athènes, rôle civilisateur de la philosophie grecque, par M. Alfred Maury, I. Nimésis et la jalousie des Dieux, par M. Ed. Tournier, II. — Le judaïsme de la décadence, par M. E. de Pressensé, III. — Auguste, son siècle, sa famille, ses amis (6 leçons, par M. Beulé), IV. — Le testament politique d'Auguste, par M. Abel Desjardins, III. — L'impératrice Faustine, femme de Marc-Aurèle, par M. Renan, IV. — Le paganisme au temps de Plutarque, par M. Egger, II. — État moral des Romains, sous la république, sous l'empire, par M. Alfred Maury, I. — La société romaine du temps des premiers empereurs comparée à la société française de l'ancien régime, par le même, II. — Recherches de M. Halléguen sur l'Armorique bretonne, par M. Ed. Tournier, II. — Le monde romain et les barbares, par M. A. Geffroy, II. — Charlemagne économiste, par M. Desjardins, IV. — La théorie féodale, par M. Paulin Pâris, II. — De l'état social au moyen âge, d'après les archives des couvents, par M. Valet de Viriville, I. — Les Scandinaves en Palestine, par M. Riant, II. — Une année de la guerre de Cent ans, par M. Berlioux, II. — Du rôle de la guerre dans l'histoire de France, par M. Maze, III. — Relations de la France avec l'Italie au xvie siècle, par M. Wallon, I et II. — La Réforme, par M. Bancel, I. — De l'histoire du protestantisme français, par M. Guizot, III. — Mazarin, par M. Wolowski, IV. — Vauban, par M. Baudrillart, IV. — L'organisation politique de l'Angleterre, par M. Fleury, II. — Frédéric le Grand et sa politique, par Ed. Sayous, II. — Catherine II et sa cour, par M. Chnitzler, II. — Voyage de Joseph II à la cour de Marie-

1.

Antoinette, par le même, III. — Wilberforce, par M. Bercier, II.
— De la civilisation en France et en Angleterre depuis le XVIIᵉ siècle jusqu'à nos jours (20 leçons), par M. Alfred Maury, III et IV.
— Une page de la Révolution française, par M. Carlyle, II. —
Siége de Granville par les Vendéens, par M. Quénault, II. — Du
sentiment religieux dans la Révolution française, par M. de Pressensé, II. — La guillotine et la Révolution française, par
M. Dubois (d'Amiens), III. — Les assignats, par M. Émile Levasseur, III. — Épisode de la guerre des États-Unis (1861 à 1865),
par M. Auguste Laugel, II.

GÉOGRAPHIE.

Géographie de la Gaule avant la conquête romaine et sous les
deux premières races, par M. Bourquelot, I. — Histoire des découvertes géographiques au XIXᵉ siècle, par M. Himly, I. — Les
États slaves et scandinaves, par le même, II. — L'Algérie et les
colonies françaises, par M. Jules Duval, I.

LITTÉRATURE GRECQUE.

Coup d'œil sur l'histoire de la langue grecque, par M. Egger, IV.
— Homère, par M. Spielhagen, III. — Les poëmes homériques,
par M. Hignard, III. — La poésie épique par M. Steinthal, III. —
La parole et l'écriture chez les Grecs, par M. Curtius, II. — De
la langue et de la nationalité grecques, Hésiodes, les poëtes
cycliques, origine de la prose, la science historique chez les
Grecs, les prédécesseurs d'Hérodote, Hérode, Thucydide, Xéno-
phon, Plutarque, par M. Egger, I et II. — Valeur historique des
discours de Thucydide, par M. J. Denis, II. — Pausanias, par
M. Bétant, II. — Le siècle de Périclès, par M. Egger, III. — Le
drame et l'État chez les Athéniens, par M. Émile Burnouf, III. —
La littérature grecque au temps d'Alexandre et de ses successeurs, par M Egger, IV. — La littérature grecque et la littérature
latine comparées, par M. Havet, III. — M. Hase et les savants
grecs émigrés à Paris sous le premier Empire et sous la Restauration, par M. Brunet de Presle, II.

LITTÉRATURE LATINE.

Térence, par M. Talbot, III. — Lucrèce et Catulle, par M. Patin, II.
— La poésie rustique, par M. Martha, III. — Cicéron et ses amis,
par M. Eugène Despois, III. — Cicéron après le passage du
Rubicon, par M. Berger, I.— Étude de la société romaine d'après
les plaidoyers de Cicéron, tableau d'un gouvernement de pro-
vince au temps de Verrès, histoire du procès de Verrès, par
M. Havet, I. — L'éloquence au temps d'Auguste, par M. Berger,
II. — Le procès de la littérature du siècle d'Auguste, par
M. Beulé, IV. — Tacite, par M. Havet, I. — Juvénal et ses
œuvres, le turbot de Domitien, par M. Martha, I. — Les mora-

listes sous l'empire romain, par le même, II. — Juvénal et son
temps, par M. G. Boissier, III. — L'empire et l'état des esprits
à l'époque d'Adrien, par M. Berger, III. — La jeunesse de Marc-
Aurèle, par M. Gaston Boissier, I. — L'éducation de Marc-Aurèle,
Fronton historien, par M. Berger, III. — La littérature latine de
Tacite à Tertullien, par M. Havet, IV.

LITTÉRATURE FRANÇAISE.

Origines de la littérature française, par M. Gaston Pâris, IV. — Le
génie de la Bretagne, par M. Félix Frank, III. — Les romans de
la Table ronde, par M. Paulin Pâris, I. — La chanson de Ronce-
vaux, par M. A. Viguier, II. — De la poésie provençale, par
M. Paul Mayer, II. — La musique, la poésie et l'art dans la Pro-
vence moderne, par M. Philarète Chasles, I. — Rabelais, par
M. Lenient, I. — Jeunesse de Montaigne ; idées de Montaigne sur
les lois de son temps, par M. Guillaume Guizot, III. — Histoire du
théâtre en France, par M. Thévenin, I. — Vie et œuvres de
Mézeray, par M. Patin, III. — Rotrou, par M. Saint-René Taillan-
dier, I. — Bourdaloue, la politique chrétienne, par M. J. J. Weiss,
III. — Molière, par M. Deschanel, IV. — Molière, par M. Marc
Monnier, IV. — Lafontaine et ses fables, par M. Saint-Marc Girardin, I. — Lafontaine et ses critiques, par M. J. Claretie, I. —
Les faux autographes de madame de Maintenon, par M. Grimblot,
IV. — Saint-Simon, par M. Deschanel, I. — Bourgeois et gen-
tilshommes au XVIIe siècle, par M. Ch. Gidel, IV. — Du rôle des
gens de lettres au XVIIIe siècle, par M. Paul Albert, II. —
J.-J. Rousseau et les encyclopédistes, par le même, III. — La statue
de Voltaire, par M. Deschanel, IV. — De l'influence des salons sur
la littérature du XVIIIe siècle, par M. Loménie, I. — Fontenelle
et les salons du XVIIIe siècle, par M. Hippeau, II. — Montesquieu, par M. Gandar, II. — La comédie après Molière, par
M. Lenient, IV. — Les valets dans la comédie, par M. Gaucher,
III. — La comédie et les mœurs au début du XVIIIe siècle, par
M. Ch. Gidel, III. — Le décor au théâtre, par M. Talbot, IV. —
Le théâtre de Favart, Piron et Cresset, par M. J.-J. Weiss, II. —
Lekaïn, Talma, mademoiselle Rachel, par M. Samson, III. — De
la convention au théâtre, les pièces de M. Alexandre Dumas fils,
le théâtre de M. Émile Augier, — les pièces nouvelles, etc., con-
férences de Francisque Sarcey, IV. — Le théâtre de George
Sand, par M. C. de Chancel, II. — Le théâtre de M. Émile Augier,
par le même, III. — Comparaison entre Henri Heine et Alfred
de Musset, par M. William Reymond, III. — Les ouvrages de
M. de Barante, par M. Guizot, IV.

LITTÉRATURES ÉTRANGÈRES.

La poésie épique en Bohême, par M. Chodzko, II. — Dante et ses
œuvres, par M. Mézières, II. — De l'apostolat de Dante, par

M. Hilledebrand, II. — Dante poëte lyrique, la *Divine comédie*, par M. Bergmann, III. — Dante considéré comme citoyen, par M. Gebhart, III. — De la renaissance en Italie, par le même, III. — La correspondance du Tasse, par M. Reynald, IV. — Décadence et renaissance des lettres en Italie, par le même, IV. — Cervantès, par M. Émile Chasles, II. — Don Quichotte, par M. Reynald, II. — Hans Sachs, poëte allemand du xviᵉ siècle, par M. Léon Boré, III. — Influence du *Laocoon* de Lessing sur la littérature, par M. Gümlick, III. — La jeune Allemagne de 1775, par M. Hilledebrand, IV. — De l'histoire des lettres en Belgique, par M. Potvin, I. — Les autobiographes et les voyageurs anglais, par M. Philarète Chasles, I. — L'esprit humoriste, par M. Gebhart, IV. — Les romanciers et les journalistes anglais, par M. Mézières, I. — Les moralistes anglais au xviiiᵉ siècle, par M. Reynald, III. — Gulliver, par le même, III. — Tom Jones, par M. Hilledebrand, III. — Robinson Crusoé, par le même, III. — Saint-Évremond et Hortense de Mazarin à Londres, par M. Ch. Gidel, IV. — La féerie en Angleterre, par M. North-Peat, II. — Les romans de Ch. Dickens, par M. J. Gourdault, II. — Les orateurs parlementaires de l'Angleterre, par M. Édouard Hervé, III. — La langue et la poésie roumaines, par M. Philarète Chasles, III.

LANGUES ORIENTALES.

De l'histoire philologique et littéraire de la Turquie, par M. Barbier de Meynard, I. — Le Bouddhisme tibétain, par M. Léon Feer, II. — L'essence de la sagesse transcendante, par le même, III.

BEAUX-ARTS.

L'œuvre d'art, par M. Taine, II. — États des esprits et des caractères en Italie au début du xviᵉ siècle ; philosophie de l'art en Italie, par le même, III. — L'idéal dans l'art, par le même, IV. — Des portraits historiques, par M. George Scharf, III. — De l'ornementation et du style, par M. Semper, II. — De l'architecture dans ses rapports avec l'histoire, par M. Viollet-le-Duc, IV. — Philosophie de la musique, par M. Ch. Beauquier, II. L'art indien, égyptien, grec, romain, gréco-romain, par M. Viollet-le-Duc, I. — Le paysage en Grèce, par M. Heuzey, II. — De l'intérêt que les sujets tirés de l'histoire grecque offrent aux artistes, par le même, I. — Léonard de Vinci, par M. Taine, II. — Titien, par le même, IV. — Bernard de Palissy, par M. Audiat, II. — La peinture flamande, ancienne et moderne, par Potvin, II. — Watteau, par M. Léon Dumont, III. — Histoire de la musique au xviiiᵉ et xixᵉ siècles, par M. Debriges, I. — Delacroix et ses œuvres, par M. Alexandre Dumas, II.

VOYAGES.

Une visite à Patmos, par M. Petit de Julleville, IV. — Les sources du Nil, par M. Baker, III. — Le Nil, par le même, IV. — Les découvertes récentes dans l'Afrique centrale, par M. Em. Levasseur, II. — Les populations du Nil Blanc, un voyage vers les sources du Nil, l'Abyssinie, par M. Guillaume Lejean, II. — Le docteur Barth, Livingstone, par M. Jules Duval, IV. — L'Afrique et l'esclavage, par M. Morin, II. — Madagascar, Souvenir du Mexique, Souvenirs du Canada et des États-Unis, par M. Désiré Charnay, II. — Les vrais Robinsons, par M. Victor Chauvin, II. — La vallée de Cachemyr, par M. Guillaume Lejean, IV. — L'intendant Poivre dans l'extrême Orient, par M. Jules Duval, IV. — De New-York à San Francisco, par M. Simonin, IV. — Un projet de voyage au pôle Nord, par M. Gustave Lambert, IV.

VARIÉTÉS.

Causerie historique et littéraire sur la gastronomie, par M. Conus, IV. — Histoire d'un brigand grec, par M. L. Terrier, IV.

Revue des Cours scientifiques.

Résumé de la table générale des quatre premières années.

ASTRONOMIE.

État de l'astronomie moderne, constitution physique du soleil, par M. Le Verrier, 1. — Constitution physique du soleil, par M. Faye, II. — Les éclipses de soleil, par M. Laussedat, III. — Chaleur produite dans la lune par la radiation solaire, par M. Harrisson, III. — Les nébuleuses, par M. Briot, II. — Les comètes, par M. Briot, III. — Mouvements propres des étoiles et du soleil, par M. C. Wolf, III. — Les étoiles filantes en 1865-1866 ; leur origine cosmique, par M. A. S. Herchell, III. — Les étoiles variables périodiques et nouvelles, par M. Faye, III. — Une étoile variable, par M. Hind, III. — L'éther remplissant l'espace, par M. Balfour Stewart, III. — Clairault et la mesure de la terre, par M. Bertrand, III. — Ralentissement du mouvement de rotation de la terre, par M. Delaunay, III. — La lune et la détermination des longitudes, par M. Delaunay, IV. — Le télescope, par M. Pritchard, IV. — La pluralité des mondes, par M. Babinet, IV. — Les étoiles filantes, par M. A. Newton, IV.

PHYSIQUE ET MÉTÉOROLOGIE.

Divers états de la matière, par M. Jamin, I. — Conversion des liquides en vapeur, par M. Boutan, II. — Les dissociations, les densités de vapeur, par M. H. Sainte-Claire Deville, II. — Le

de Paris, par M. A. Gaudry, III. — Géologie de l'Auvergne, par M. Lecoq, II. — Volcans du centre de la France, par M. Lecoq, III. — Volcans de boue et gisements de pétrole en Crimée, par M. Anstad, III. — Les phénomènes chimiques des volcans ; cause des éruptions, par M. Fouqué, III. — L'éruption d'une île volcanique, par le même, III. — Paléontologie, cours sur la faune quaternaire, par M. d'Archiac, I. — Discours sur des questions récentes en géologie, p r M. Ch. Lyell, I. — La caverne de Kent, par M. Pengelly, III. — Les tumuli et les habitations lacustres, par M. Virchow, IV. — La houille et les houilleurs, par M. Simonin, IV. — Les pierres qui tombent du ciel, par M. S. Meunier, IV. — Les placers de la Californie, M. Simonin, IV.

CHIMIE.

Utilité d'un laboratoire public de chimie, par M. Fremy, I. — Schee'e ; un laboratoire de chimie au xviiiᵉ siècle, par M. Troost, III. — Propriétés générales des corps, par M. Balard, I. — Leçons sur les généralités de la chimie, par M. S. de Luca, I. — La combustion, par M. Wurtz, I. — Les métalloïdes, cours par M. Riche, II. — L'air, par M. Riche, II, et par M. Peligot, III. — L'eau, par M. Wurtz, II. — Les actions catalytiques, par M. Schœnbein, III. — Action de l'oxygène sur le sang, par le même, II. — Le soufre, par M. Payen, III. — L'éclairage par le gaz, par le même, II. — Les dissolutions, par M. Balard, I. — Les dissolutions sursaturées, par M. Ch. Violette, II, et par M. J. Jeannel, III. — La dyalise, par M. Balard, I. — Dissociation et densités de vapeur, par M. H. Sainte-Claire Deville, II. — Spectres chimiques, par M. S. de Luca, I. — Lois de constitution des sels, par M. H. Sainte-Claire Deville, I. — Méthodes générales de réductions des métaux, par le même, I. — L'aluminium, par le même, II. — Rôle de la chaleur dans la formation des combinaisons organiques, II. — Histoire des alcools et des éthers, II. — Les éthers cyaniques, par M. Cloëz, III. — Chimie organique, par M. Wurtz, II. — La série aromatique, par M. Bourgoin, III. — Des fermentations et du rôle de quelques êtres microscopiques dans la nature, par M. Pasteur, II. — Existence dans les tissus des animaux d'une substance fluorescente analogue à la quinine, III. — Chimie agricole, cours par M. Boussingault, I et III. — Chimie appliquée aux arts, cours par M. Peligot, I. — La teinture, par M. de Luynes, III. — Chimie appliquée à l'industrie, cours de M. Payen, I. — La poudre à canon ; nouvelles substances pour la remplacer, par M. Abel, III. — Charbon et diamant, par M. Riche, IV. — Des méthodes générales en durée organique, par M. Berthelot, IV. — Les solutions salines sursaturées, par M. Gernez, IV. — L'affinité ; phénomènes mécaniques de la combinaison, par M. H. Sainte-

Claire Deville, IV. — La chimie d'autrefois et celle d'aujourd'hui, par M. H. Kopp. — La diffusion des gaz, par M. Odling, IV.

BOTANIQUE. — AGRICULTURE.

Organographie végétale, par M. Chatin, I et II. — Développement des végétaux, les racines, par M. Baillon, I. — De la végétation, par M. Boussingault, I. — La végétation du printemps, par M. Lecoq, II. — L'individualité dans la nature, au point de vue du règne végétal, par M. Nægeli, II. — Rapports de la botanique et de l'horticulture, par M. Alphonse de Candolle, III. — Géologie et chimie agricole, par M. Boussingault, I et II. — Physique végétale, par M. Georges Ville, II et III. — Importance des travaux agricoles en France, par M. Hervé-Mangon, I. — Situation actuelle de l'agriculture en France, par M. Barral, III. — La crise agricole, par M. Georges Ville, III. — Le blé dans ses rapports avec la mortalité, le nombre des naissances et des mariages ; les famines, par M. Bouchardat, III. — La végétation à l'époque houillère, par M. Bureau, IV.

ZOOLOGIE. — ANTHROPOLOGIE.

L'homme et sa place dans la création, par M. Gratiolet, I. — L'homme et les singes, par M. Philippi, I. — Unité de l'espèce humaine, par M. Hollard, II. — Unité de l'espèce humaine ; propagation par migration, cours par M. de Quatrefages, II. — Caractères généraux des races blanches, par le même, I. — Histoire naturelle de l'homme, cours par M. G. Flourens, I. — L'homme fossile, les habitations lacustres et l'industrie primitive, par M. N. Joly, II. — La physionomie et la théorie des mouvements d'expressions, par M. Gratiolet, II. — Les reptiles, par M. Duméril, I. — Histoire de la science des animaux articulés ; espèces utiles et nuisibles, par M. E. Blanchard, I. — Histoire des progrès de l'entomologie, par le même, III. — Les insectes, cours par M. Gratiolet, I. — Métamorphoses des insectes, par M. J. Lubbock, III. — Les fourmis, par M. Ch. Lespès, III. — Production de la soie et de quelques autres matières textiles fournies par les animaux, par M. E. Blanchard, II. — Ravages produits dans les cultures du nord de la France par la noctuelle des moissons, par le même, II. — Dangers des déductions à priori en zoologie, III. — Les échinodermes, cours par M. Lacaze-Duthiers, III. — Génération chez les alcyonnaires, par le même, II. — Organisation des zoophytes ; le corail, cours par le même, II. — Les générations spontanées, par M. Milne Edwards, I ; — par M. Coste, I ; — par M. Pasteur, I ; — par M. Pouchet, I ; — par M. N. Joly, II. — Le rapport à l'Académie sur les générations spontanées, II. — Distribution géographique des mammifères, par M. P. Bert, IV. — Des métamorphoses des mœurs et des instincts des insectes, cours par M. Blanchard, IV. — De l'origine des êtres orga-

nisés et de leur division en espèces, IV. — La prétendue dégé-
nérescence de la population française, par M. Broca, IV. — Les
madrépores, par M. Vaillant, IV. — Les métamorphoses dans le
règne animal, par M. Bert, IV. — Formation des races humaines
mixtes, par M. de Quatrefages, IV.

EMBRYOGÉNIE ET ANATOMIE.

Embryogénie comparée, cours par M. Coste, II et III. — Du microscope et des autres moyens d'étude employés en anatomie
générale; caractères organiques des tissus; ce qu'on doit entendre
par organisation dans l'état actuel de la science, par M. Ch. Robin, I. — Histologie, programme du cours de M. Ch. Robin, I
et II. — Origine et mode de formation des monstres omphalo-
sites, par M. Dareste, II. — Rapports anatomiques du système
nerveux grand sympathique avec les vaisseaux capillaires par
M. Georges Pouchet, III.

PHYSIOLOGIE. — MÉDECINE.

De la méthode en physiologie; l'unité de la vie, par M. Moleschott,
I. — Conception mécanique de la vie: atome et individu, par
M. R. Virchow, III. — L'irritabilité, l'élément contractile et
l'élément nerveux, cours de physiologie générale en 1864, par
M. Claude Bernard, I et II. — Les liquides de l'organisme, le
sang, les sécrétions internes et externes, les excrétions, cours de
physiologie générale en 1865, par le même, II et III. — La vie
du sang, par M. R. Virchow, III. — Le mouvement dans les fonctions de la vie, cours par M. Marey, III. — Physiologie du cœur
et ses rapports avec le cerveau, par M. Claude Bernard, II. —
Le système nerveux, par M. P. Bert, III. — Propriétés et fonctions du système nerveux chez les animaux supérieurs et dans la
série animale, cours par M. Vulpian, I et II. — La théorie dynamique de la chaleur dans les sciences biologiques, par M. Onimus,
III. — Limites de la nature humaine, par M. Moleschott, I. —
Vie et lumière, par le même, II. — Du point de vue biologique
dans l'étude des êtres vivants; les poissons électriques, par
M. A. Moreau, III. — Physiologie comparée de la digestion, cours
par M. Vulpian, III et IV. — De l'alimentation et des anémies,
cours par M. G. Sée, III. — Le curare considéré comme moyen
d'investigation biologique, cours de médecine expérimentale, par
M. Claude Bernard, II. — La physiologie base de la médecine,
par M. Moleschott, III. — Erreurs vulgaires au sujet de la médecine, par M. J. Jeannel, III. — Hygiène, par M. Bouchardat, I.
— Hygiène et physiologie, par M. Henri Favre, I. — De la thérapeutique, par M. Trousseau, II. — Maladies mentales, par
M. Lasègue, II. — Application du courant constant au traitement
des névroses, cours par M. Remak, II. — Anatomie pathologique,
par M. A. Laboulbène, III. — Nature et physiologie des tumeurs,

par M. R. Virchow, III. — Pathologie générale, par M. Chauffard, I; — par M. Axenfeld, II. — Matérialisme et spiritualisme en médecine, par M. Hiffelsheim, II. — La maladie dans le plan de la création, par M. B. Cotting, III. — Vitesse de la transmission de la volonté et de la sensation à travers les nerfs, par M. Dubois-Reymond, IV. — Sources chimiques du pouvoir musculaire, par M. Frankland, IV. — Études expérimentales sur la régénération des os, par M. Billroth, IV. — Une ambassade physiologique, par M. Moleschott, IV. — Productions du mouvement chez les animaux, par M. Marey, IV. — Du mouvement dans les fonctions de la vie, cours par M. Marey, IV. — Applications de l'électricité à la thérapeutique, par M. Becquerel, IV. — Sur la génération des éléments anatomiques, par M. Ch. Robin, IV.

HISTOIRE ET PHILOSOPHIE DES SCIENCES.

De la continuité dans la nature, par M. Grove, III. — De la méthode expérimentale, par M. Matteucci, II. — Revue orale du progrès, par M. Moigno, I. — Revue orale des sciences, par M. Babinet, II. — Passé et avenir des sciences, par M. Barral, II. — Conquête de la nature par les sciences, par M. Dumas, III. — Importance sociale du progrès des sciences, par M. Huxley, III. — Développement national des sciences, par M. R. Virchow, III. — Utilité des sciences spéculatives, par M. A. Riche, III. — Histoire de la médecine, par M. Daremberg, II. — La médecine dans l'antiquité et au moyen âge, par le même, III et IV. — Barthez et le vitalisme; histoire des doctrines médicales, par M. Bouchut, I. — Les chirurgiens érudits; Antoine Louis, par M. Verneuil, II. — Guy de Chauliac, par M. Follin, II. — Harvey, par M. Béclard, II. — L'école de Halle; Frédéric Hoffman et Stahl, par M. Lasègue, II. — Éloge de du Trochet, par M. Coste, III. — Éloge de P. Gratiolet, par M. P. Bert, III. — Vie et travaux de Lamark, De Blainville et Valenciennes, par M. Lacaze-Duthiers, III. — Newton, sa vie et ses travaux, par M. Bertrand, II. — Clairault et la mesure de la terre, par le même, III. — Franklin, par M. Henri Favre, I. — Le génie scientifique de la révolution, par le même, I. — Histoire des chemins de fer, par M. Perdonnet, I. — Développement des idées dans les sciences naturelles, par M. Liebig, IV. — Les travaux du canal de Suez, par M. Borel, IV. — Les universités italiennes, par M. Matteucci, IV. — Le chemin de fer du Pacifique, par M. Heine, IV. — L'Académie des sciences de 1789 à 1793, par M. Bertrand, IV.

LA
PHILOSOPHIE POSITIVE

Revue paraissant tous les deux mois par livraison de 10 feuilles

DIRIGÉE PAR

E. LITTRÉ et G. WYROUBOFF

PRIX DE L'ABONNEMENT :

PARIS.	DÉPARTEMENTS.	ÉTRANGER.
Six mois... 12 fr.	Six mois... 14 fr.	Six mois... 16 fr.
Un an..... 20	Un an..... 23	Un an..... 25

Prix de chaque numéro : 3 fr. 50. — Paraissant depuis
le 1er juillet 1867.

L'Art et la vie. 1867. 2 vol. in-8. 7 fr.

ARTIGUES. L'Armée, son hygiène morale, son recrutement. 1867. 1 vol. in-8 de 400 pages. 6 fr.

BARNI (Jules). Voy. KANT.

BAUDRIMONT. Théorie de la formation du globe terrestre pendant la période qui a précédé l'apparition des êtres vivants. 1867, in-8. 2 fr. 50

BEAUSSIRE. La liberté dans l'ordre intellectuel et moral, études de droit naturel. 1866, 1 fort vol. in-8. 7 fr.

BÉRAUD (B. J.). Atlas complet d'anatomie chirurgicale topographique, pouvant servir de complément à tous les ouvrages d'anatomie chirurgicale, composé de 109 planches représentant plus de 200 figures dessinées d'après nature, par M. Bion, et avec texte explicatif. 1865, 1 fort vol. in-4.

Prix, figures noires, relié. 60 fr.

— figures coloriées, relié. 120 fr.

CL. BERNARD. Leçons sur les propriétés des tissus vivants, faites à la Sorbonne, publiées par M. Émile Alglave. 1866, 1 vol. in-8 avec 92 figures. 8 fr.

BOUCHARDAT. Le travail, son influence sur la santé (conférences faites aux ouvriers). 1863, 1 vol. in-18. 2 fr. 50

BOUCHARDAT et H. JUNOD. L'Eau-de-vie et ses dangers, conférences populaires. 1 vol. in-8. 1 fr.

BOUCHUT et DESPRÉS. Dictionnaire de thérapeutique médicale et chirurgicale, comprenant le résumé de la médecine et de la chirurgie, les indications thérapeutiques de chaque maladie, la médecine opératoire, la matière médicale, les eaux minérales et un choix de formules thérapeutiques. 1866, 1 vol. gr. in-8 de 1600 pages à deux colonnes, avec 900 figures intercalées dans le texte.   23 fr.

BRIERRE DE BOISMONT. Joseph Guislain, sa vie et ses écrits. 1867. 1 vol. in-8.   5 fr.

BRIERRE DE BOISMONT. Des maladies mentales. 1867, brochure in-8 extraite de la *Pathologie médicale* du professeur Requin.   2 fr.

BRIERRE DE BOISMONT. Des hallucinations, ou Histoire raisonnée des apparitions, des visions, des songes, de l'extase, du magnétisme et du somnambulisme. 1862, 3ᵉ édition très-augmentée.   7 fr.

BRIERRE DE BOISMONT. Du suicide et de la folie suicide. 1865, 2ᵉ édition, 1 vol. in-8.   7 fr.

CASPER. Traité pratique de médecine légale, rédigé d'après des observations personnelles, par Jean-Louis Casper, professeur de médecine légale de la Faculté de médecine de Berlin ; traduit de l'allemand sous les yeux de l'auteur, par M. Gustave Germer Baillière. 1862. 2 vol. in-8.   12 fr.
— Atlas colorié se vendant séparément.   15 fr.

CHASLES (PHILARÈTE). Questions du temps et problèmes d'autrefois, Pensées sur l'histoire, la vie sociale, la littérature. 1 vol. in-18, édition de luxe.   3 fr.

Conférences historiques de la Faculté de médecine faites pendant l'année 1865. (*Les Chirurgiens érudits,* par M. Verneuil. — *Gui de Chauliac,* par M. Follin. — *Celse,* par M. Broca. — *Wurtzius,* par M. Trélat. — *Rioland,* par M. Le Fort. — *Levret,* par M. Tarnier. — *Harvey,* par M. Béclard. — *Stahl,* par M. Lasègue. — *Jenner,* par M. Lorain. — *Jean de Vier et les Sorciers,* par M. Axenfeld. — *Laennec,* par M. Chauffard. — *Sylvius,* par M. Gubler. — *Stoll,* par M. Parrot.) 1 vol. in-8. 6 fr.

Sir G. CORNEWALL LEWIS. Histoire gouvernementale de l'Angleterre. Voy. page 3, *Bibliothèque d'histoire contemporaine.*

COQUEREL (Athanase). Libres Études. (Religion. — Critique. — Histoire. — Beaux-arts. — Voyages). 1868, 1 vol. in-8. 5 fr.

Sir G. CORNEWALL LEWIS. Quelle est la meilleure forme de gouvernement? Ouvrage traduit de l'anglais ; précédé d'une Étude sur la vie et les travaux de l'auteur, par M. Mervoyer, docteur ès lettres. 1867, 1 vol. in-8.   3 fr. 50

D'ARCHIAC. Leçons sur la Faune quaternaire, professées au Muséum d'histoire naturelle. 1865, 1 vol. in-8.   3 fr. 50

DE CANDOLLE. **Organographie végétale**, ou Description raisonnée des organes des plantes. 1844, 2 vol. in-8, avec 60 pl. représentant 422 figures. 12 fr.

DELEUZE. **Instruction pratique sur le magnétisme animal**, précédée d'une Notice sur la vie de l'auteur. 1853. 1 vol. in-12. 3 fr. 50

DOLLFUS. **De la nature humaine**, 1868, 1 vol. in-8. 5 fr.

DU POTET. **Traité complet de magnétisme**, cours en douze leçons. 1856, 3ᵉ édition, 1 vol. de 634 pages. 7 fr.

DURAND (de Gros). **Essais de physiologie philosophique**, suivis d'une Étude sur la théorie de la méthode en général. 1866, 1 vol. in-8 de 620 pages. 8 fr.

ÉLIPHAS LÉVI. **Dogme et rituel de la haute magie**. 1861, 2ᵉ édit., 2 vol. in-8, avec 24 figures. 48 fr.

ÉLIPHAS LÉVI. **Histoire de la magie**, avec une exposition claire et précise de ses procédés, de ses rites et de ses mystères. 1860, 1 vol. in-8, avec 90 figures. 12 fr.

ÉLIPHAS LÉVI. **La Science des esprits**, révélation du dogme secret des Kabbalistes, esprit occulte de l'Évangile, appréciation des doctrines et des phénomènes spirites. 1865, 1 vol. in-8. 7 fr.

FAU. **Anatomie des formes du corps humain**, à l'usage des peintres et des sculpteurs. 1866, 1 vol. in-8 et atlas de 25 planches. 2ᵉ édition.
    Prix, figures noires. 20 fr.
    Prix, figures coloriées. 35 fr.

FERRON (de). **Théorie du progrès** (Histoire de l'idée du progrès. — Vico. — Herder. — Turgot. — Condorcet. — Saint-Simon. — Réfutation du césarisme). 1867, 2 vol. in-18. 7 fr.

FOSSATI. **Manuel pratique de phrénologie**, ou Physiologie du cerveau, d'après les doctrines de Gall, Spurzheim, etc. 1845, 1 vol. gr. in-18, avec 145 figures. 6 fr.

GAVARRET. **Des images par réflexion et par réfraction.** 1867, 1 vol. in-18 de 190 pages avec 80 figures dans le texte. 3 fr. 50

GIRAUD-TEULON. **De l'œil**, notions élémentaires sur la fonction de la vue et de ses anomalies. 1867, 1 vol. in-18 avec figures. 2 fr.

GROVE. **De la corrélation des forces**, traduit de l'anglais par M. l'abbé Moigno, avec des notes par M. Seguin aîné. 1 vol. in-8. 7 fr. 50

HÉGEL. Voy. page 4.

HUMBOLDT (G. de). **Essai sur les limites de l'action de l'État**, traduit de l'allemand, et précédé d'une Étude sur la vie et les travaux de l'auteur, par M. Chrétien, docteur en droit. 1867, in-18. 3 fr. 50

KANT. **Éléments métaphysiques de la doctrine du droit,** suivis d'un Essai philosophique sur la paix perpétuelle, traduits de l'allemand par M. Jules BARNI. 1854, 1 vol. in-8. 8 fr.

KANT. **Éléments métaphysiques de la doctrine de la vertu,** suivi d'un Traité de pédagogie, etc.; traduit de l'allemand par M. Jules BARNI, avec une Introduction analytique, 1855, 1 vol. in-8. 8 fr.

LAFONTAINE. **Mémoires d'un magnétiseur.** 1866, 2 vol. in-8. 7 fr.
Avec le portrait de l'auteur. 8 fr.

LANGLOIS. **L'homme et la Révolution.** Huit études dédiées à P. J. Proudhon, 1867, 2 vol. in-18. 7 fr.

LEYDIG. **Traité d'histologie comparée de l'homme et des animaux,** traduit de l'allemand par M. le docteur Lahillonne. 1 fort vol. in-8 avec 200 figures dans le texte. 1866. 15 fr.

LIEBIG. **Le développement des idées dans les sciences naturelles,** études philosophiques. in-8. 1 fr. 25

LITTRÉ. **Auguste Comte et Stuart Mill,** suivi de *Stuart Mill et la philosophie positive,* par M. G. Wyrouboff. 1867, in-8 de 86 pages. 2 fr.

LONGET. **Mouvement circulaire de la matière dans les trois règnes,** tableaux de physiologie, avec fig. coloriées. 1866. 7 fr.

LONGET. **Traité de physiologie,** 1868, 3e édition, tome 1er, 1 fort vol. grand in-8. 19 fr.

LUBBOCK **L'Homme avant l'histoire,** étudié d'après les monuments et les costumes retrouvés dans les différents pays de l'Europe, suivi d'une Description comparée des mœurs des sauvages modernes, traduit de l'anglais par M. Ed. BARBIER, avec 156 figures intercalées dans le texte. 1867, 1 beau vol. in-8°, prix, broché. 15 fr.
Relié en demi-maroquin avec nerfs 18 fr.

MAREY. **Des mouvements dans les fonctions de la vie,** leçons faites au Collége de France, 1867, 1 vol. in-8, avec 150 figures dans le texte. 10 fr.

MARTIN-PASCHOUD. **Le Disciple de Jésus-Christ.** Revue du christianisme libéral, publiée sous la direction de J. MARTIN-PASCHOUD (30e année, 1868). Paraît le 1er et le 15 de chaque mois. — Les abonnements partent du 1er janvier ou du 1er juillet.
Paris et départements. Six mois, 6 fr. Un an, 10 fr.
Étranger — 7 fr. — 12 fr.

La médecine à l'Exposition universelle de 1867. Guide-catalogue contenant la description des instruments de physique et de chirurgie, les plans d'hôpitaux modèles et d'asiles d'aliénés, et le détail de tous les objets exposés par la Société internationale des secours aux blessés militaires des armées de terre et de mer. *Ouvrage publié par la Société médicale allemande de Paris.* 1 vol. in-18. 1 fr. 50

MENIÈRE. **Études médicales sur les poëtes latins.** 1858, 1 vol. in-8. 6 fr.

MENIÈRE. **Cicéron médecin**, étude médico-littéraire. 1862, 1 vol. in-18. 4 fr. 50

MENIÈRE. **Les Consultations de madame de Sévigné**, étude médico-littéraire. 1864, 1 vol. in-8. 3 fr.

MERVOYER. **Étude sur l'association des idées.** 1864, 1 vol. in-8. 6 fr.

MEUNIER (Victor). **La Science et les Savants.**
1re année, 1864, 1 vol. in-18. 3 fr. 50
2e année, 1865, 1er semestre, 1 vol. in-18. 3 fr. 50
2e année, 1865, 2e semestre, 1 vol. in-18. 3 fr. 50
3e année, 1866, 1 vol. in-18. 3 fr. 50
4e année, 1867, 1 vol. in-18. 3 fr. 50

MILSAND. **Le Code et la liberté.** Liberté du mariage, liberté des testaments. 1865, in-8. 2 fr.

MIRON. **De la séparation du temporel et du spirituel.** 1866, in-8. 3 fr. 50

MORIN. **Du magnétisme et des sciences occultes.** 1860, 1 vol. in-8. 6 fr.

MUNARET. **Le Médecin des villes et des campagnes.** 4e édition, 1862, 1 vol. grand in-18. 4 fr. 50

Notions d'anatomie et de physiologie générales.
TAULE. *Notions sur la nature et les propriétés de la matière organisée.* 1866. 3 fr. 50
ONIMUS. *De la théorie dynamique de la chaleur dans les sciences biologiques.* 1866. 3 fr.
CLÉMENCEAU. *De la génération des éléments anatomiques*, précédé d'une introduction par M. le prof. Robin. 1867, 1 vol. in-8. 5 fr.

POUGNET. **Hiérarchie et Décentralisation.** 1866, 1 vol. gr. in-8 de 160 pages. 3 fr.

Revue des Sociétés savantes, publiée sous les auspices du ministre de l'instruction publique (partie scientifique), paraissant tous les mois par cahier de 4 à 5 feuilles. Prix de l'abonnement annuel. 9 fr.

ROBIN. **Journal de l'anatomie et de la physiologie** normales et pathologiques de l'homme et des animaux, dirigé par M. le professeur Ch. Robin (de l'Institut), paraissant tous les deux mois par livraison de 7 feuilles grand in-8, avec planches.
Prix de l'abonnement, pour la France. 20 fr.
— pour l'étranger. 24 fr.

SIÈREBOIS. **Autopsie de l'âme**, sa nature, ses modes, sa personnalité, sa durée. 1866, 1 vol. in-18. 2 fr. 50

SIÈREBOIS. **La Morale** fouillée dans ses fondements. Essai d'anthropodicée. 1867, 1 vol. in-8. 6 fr.

THÉVENIN. **Hygiène publique**, analyse du rapport général des travaux du conseil de salubrité de la Seine, de 1849 à 1858. 1863. 1 vol. in-18. 2 fr. 50

THULIÉ. **La folie et la loi.** 1867. 2e édit. 1 vol. in-8. 3 fr. 50

VIRCHOW. **Des trichines, à l'usage des médecins et des gens du monde**, traduit de l'allemand avec l'autorisation de l'auteur, par M. E. Onimus, élève des hôpitaux de Paris. 1864, in-8 de 55 pages et planche coloriée. 2 fr.

VULPIAN. **Leçons de physiologie générale et comparée du système nerveux**, faites au Muséum d'histoire naturelle, recueillies et rédigées par M. Ernest Brémond. 1 fort vol. in-8. Prix. 10 fr.

ZAALBERG. **La religion de Jésus** et la tendance moderne, traduit du hollandais, avec un Avant-propos par M. A. Réville. 1866, t. I, 1 vol. in-18. 3 fr. 50

ZIMMERMANN. **De la solitude**, des causes qui en font naître le goût, de ses inconvénients, de ses avantages et de son influence sur les passions, l'imagination, l'esprit et le cœur ; traduit de l'allemand par M. Jourdan. Nouvelle édition. 1840, in-8. 3 fr. 50

LES MÉTAMORPHOSES
LES MŒURS ET LES INSTINCTS
DES INSECTES
PAR
ÉMILE BLANCHARD
Membre de l'Institut, professeur au Muséum d'histoire naturelle.

Un magnifique volume grand in-8, avec 200 fig., dessinées d'après nature, intercalées dans le texte, et 40 planches hors texte.

Prix broché.......... 30 fr.
Relié en demi-maroquin...... 35 fr.

La compétence universellement reconnue de l'auteur, et consacrée par tant de travaux importants, donne à cet ouvrage un cachet d'exactitude scientifique qui lui assure une place dans la bibliothèque de tous les savants.

Mais il a été rédigé en même temps de manière à être accessible aux gens du monde et à leur dévoiler les détails si intéressants et si curieux découverts par la science moderne sur la vie et les transformations pleines d'étrangeté de la classe d'animaux la plus nombreuse dans la nature. C'est l'histoire d'un monde à part se renouvelant sans cesse autour de nous, dans lequel on trouve aussi une vie publique et privée, des luttes, des passions, des révolutions, qui se mêle à notre existence à tout instant, et dont le travail lent, mais continu, produit des résultats prodigieux.

Paris. — Imprimerie de E. MARTINET, rue Mignon, 2.

www.ingramcontent.com/pod-product-compliance
Lightning Source LLC
Chambersburg PA
CBHW060028100426
42740CB00010B/1651